O IMPÉRIO DO OURO VERMELHO

A HISTÓRIA SECRETA DE UMA MERCADORIA UNIVERSAL

JEAN-BAPTISTE MALET

O IMPÉRIO DO OURO VERMELHO

A HISTÓRIA SECRETA DE UMA MERCADORIA UNIVERSAL

TRADUÇÃO ARNALDO BLOCH

VESTÍGIO

Título original: *L'Empire de L'or rouge – Enquête mondiale sur la tomate d'industrie*

EDITOR RESPONSÁVEL
Arnaud Vin

EDITOR ASSISTENTE
Eduardo Soares

ASSISTENTE EDITORIAL
Pedro Pinheiro

PREPARAÇÃO
Pedro Pinheiro

REVISÃO
Ana Carolina Lins

CAPA
ADGP

ADAPTAÇÃO DE CAPA
Diogo Droschi

DIAGRAMAÇÃO
Waldênia Alvarenga

Dados Internacionais de Catalogação na Publicação (CIP)
(Câmara Brasileira do Livro, SP, Brasil)

Malet, Jean-Baptiste

O império do ouro vermelho : a história secreta de uma mercadoria universal / Jean-Baptiste Malet ; tradução Arnaldo Bloch. - 1. ed. -- São Paulo: Vestígio, 2019.

Título original: L'Empire de l'or rouge.

ISBN: 978-85-54126-47-6

1. Livro-reportagem 2. Reportagens investigativas 3. Jornalismo 4. Capitalismo 5. Geopolítica 6. Globalização 7. Tomate - Indústria e comércio I. Bloch, Arnaldo. II. Título.

19-26930 CDD-338.17309

Índices para catálogo sistemático:

1. Tomate : Indústria e comércio : História 338.17309

Maria Alice Ferreira - Bibliotecária - CRB-8/7964

A **VESTÍGIO** É UMA EDITORA DO **GRUPO AUTÊNTICA** 

São Paulo
Av. Paulista, 2.073 . Conjunto Nacional
Horsa I . 23° andar . Conj. 2310-2312
Cerqueira César . 01311-940 São Paulo . SP
Tel.: (55 11) 3034 4468

Belo Horizonte
Rua Carlos Turner, 420
Silveira . 31140-520
Belo Horizonte . MG
Tel.: (55 31) 3465 4500

www.editoravestigio.com.br

A indústria vermelha desconhece fronteiras. Em toda a superfície do globo terrestre, barris de concentrado de tomate circulam em contêineres. Esta reportagem descreve a história secreta de uma mercadoria universal.

O mundo é nosso campo.
Henry John Heinz
(1844-1919)

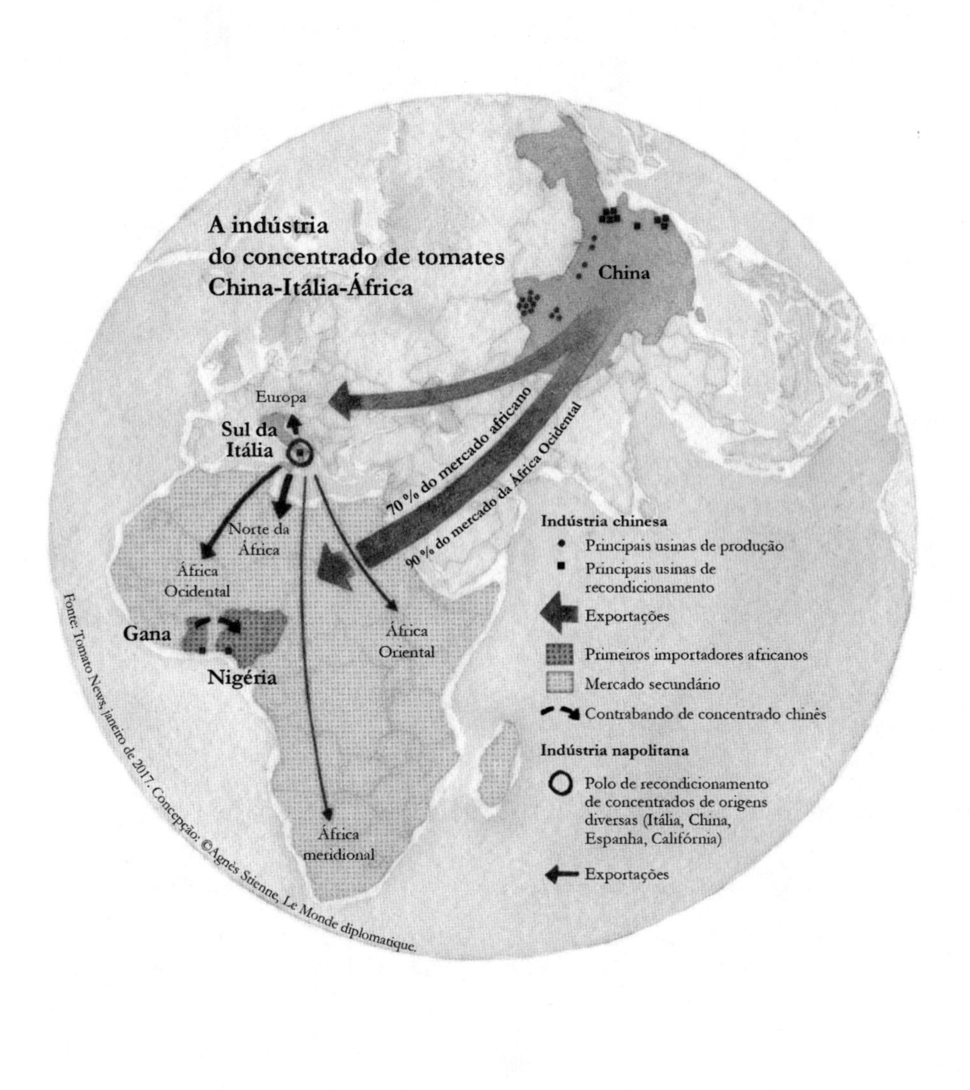
A indústria
do concentrado de tomates
China-Itália-África
China
Europa
Sul da
Itália
70 % do mercado africano
90 % do mercado da África Ocidental
Norte da
África
África
Ocidental
Gana
Nigéria
África
Oriental
África
meridional
Indústria chinesa
Principais usinas de produção
Principais usinas de
recondicionamento
Exportações
Primeiros importadores africanos
Mercado secundário
Contrabando de concentrado chinês
Indústria napolitana
Polo de recondicionamento
de concentrados de origens
diversas (Itália, China,
Espanha, Califórnia)
Exportações
Fonte: Tomato News, janeiro de 2017. Concepção: ©Agnès Stienne, Le Monde diplomatique.

SUMÁRIO

CAPÍTULO 1

I

ARREDORES DE WUSU, XINJIANG, CHINA

O ÔNIBUS LEVA trabalhadores dos subúrbios de Wusu, no norte da região autônoma de Xinjiang, cidade a meio caminho entre a capital Ürümqi e o Cazaquistão. O veículo devora quilômetros de estradas bem asfaltadas, corta paisagens urbanas em ruínas, avança sobre lavouras repletas de curvas engolindo uma avalanche de nuvens de poeira até consumir, enfim, a última fatia de terra. Estaciona junto a uma cerca viva de milho que protege uma plantação de tomates de 35 *Mu*, unidade de medida local equivalente a 2,3 hectares. O terreno inclui um único lote de terra, do tamanho de três campos de futebol. Em sua lateral estão parados vários micro-ônibus.

Todos descem apressados. As mulheres, ofegantes, puxam os filhos por uma das mãos, trazendo, na outra, foices com punhos decorados com flores gravadas. Estão ansiosas para se apossarem de seus pacotes com sacos de lona plastificada e espalhá-los pelo campo. Uma vez recolhidos, um trator com reboque reabastece os que chegam. "Não há tempo a perder", exclama um apanhador, afoito. Hoje, por cada saco de 25 kg, ele receberá 2,2 yuans – 30 centavos de euro. Pouco mais de um centavo por quilo de tomate colhido.

Os colhedores conversam entre si em seu dialeto original – nunca em mandarim – para organizar o início da colheita, repartir as fileiras e escolher uma boa posição no campo.

Uma menina de apenas 14 anos se curva sob uma carga tão pesada quanto seu corpo magro e frágil: leva nas costas um pacote cheio de sacos. Ela deixa cair no chão sua trouxa, desamarra o cordão e começa a trabalhar. Outras crianças e adolescentes se juntam à empreitada.

A maior parte dos agricultores vem de Sichuan, uma província pobre do centro-oeste chinês, a três mil quilômetros dali; os demais são uigures, etnia de origem turcomena. Os 150 coletores formam pequenos grupos de dez a vinte pessoas, separados a distâncias regulares. Muitas mulheres e homens trabalham sós. Outros, em dupla, dividem as tarefas.

Agachados, os agricultores erguem as foices acima da cabeça e, com um golpe seco, certeiro, removem os pés de tomate. Outros se inclinam para recolher as pencas repletas de frutos maduros e as sacodem vigorosamente. Os tomates se soltam e caem no chão com um ruído surdo. Pouco a pouco, linhas vermelhas e verdes vão desenhando listras no campo. De um lado, pilhas de dejetos esverdeados, à altura do joelho. Do outro, longos traços sanguíneos.

Dezenas de trabalhadores ferem a terra com as foices, obrigados a repetir o gesto muitas vezes quando um pé de tomate é mais robusto. No seu rasto, colegas de cócoras ou de joelhos juntam os frutos espalhados com a parte larga do facão ou com as mãos. Assim, vão enchendo os grandes sacos. A plantação antes frondosa se transforma, em poucas horas, em terra nua.

Algumas mulheres, para se protegerem do sol, usam um boné envolto em tecido grosso. Raros são os que falam. Ouvem-se apenas os golpes das ferramentas e o farfalhar das lonas que se enchem e são removidas. De repente, um cantar melancólico e potente chega de um ponto distante. Alguns fazem uma pausa para olhar na direção de onde vem a voz anônima. Percebem-se silhuetas curvadas para o solo.

Uma mulher carrega seu bebê nas costas. Ela sofre com o calor úmido. Crianças pequenas, jovens demais para trabalhar, brincam na terra com gravetos e pedras. Batem no solo com uma foice abandonada, imitando os pais, ou enfiam na boca tomates não lavados, tingidos de traços brancos: resíduos de pesticidas. O sol é tão brutal que algumas crianças sem roupas cambaleiam. Muitas se coçam. Seus rostos e suas mãos mostram sinais de irritações cutâneas ou doenças de pele. Não é a primeira vez que vêm ao campo nesse verão.

O homem que trabalha cantando, dono de uma voz bela e triste, vem de Sichuan. Lamo Jise, 32 anos, da etnia Yi, assim como sua esposa. "Hoje a gente deve colher uns 60 sacos [cerca de quatro toneladas], minha mulher e eu. Deve render uns 350 yuans para os dois." Ou seja, o casal receberá o equivalente a 24 euros por pessoa por uma árdua jornada sob um sol de chumbo, que só termina depois que a noite cai. "Eu canto para ganhar coragem", confessa.

Mais adiante, num canto da plantação, usando um boné vermelho, o produtor Li Songmin vigia sua porção de colheita. Sabe que seus tomates serão transportados por caminhão, a partir dessa noite, a uma fábrica da empresa Cofco Tunhe. Daí em diante, ignora completamente o destino da matéria-prima, que será transformada. Ele é inquilino de seu terreno. Não conhece pessoalmente nenhum dos trabalhadores que colhem seus tomates. Nem os migrantes de Sichuan, que são a maioria naquele dia, nem os uigures: todos foram recrutados por um "prestador de serviços de mão de obra". O produtor só tem contato com a Cofco Tune. A empresa lhe fornece e impõe as variedades de tomates adequadas à indústria de alta produtividade, que ele deve cultivar observando um caderno de encargos, garante a compra de sua colheita a um preço negociado, encarrega-se de recrutar os trabalhadores de acordo com o cronograma e providencia o transporte dos frutos até a fábrica. É a primeira companhia de processamento industrial de tomates na China. É também a segunda maior do setor no mundo.

Acrônimo de China National Cereals, Oils and Foodstuffs Corporation [Corporação nacional chinesa de cereais, óleos e alimentos], a Cofco é certificada pela revista *Fortune* com o selo *Global 500*, o das multinacionais mais poderosas do planeta por faturamento. Esse colossal conglomerado chinês reúne um grande número de entidades criadas nos tempos de Mao Tsé-Tung, quando era a única estatal chinesa que podia importar e exportar.

A Tunhe é uma filial da Cofco especializada em açúcar e tomate industrial. Tem 15 usinas de transformação: quatro no interior da Mongólia e

11 em Xinjiang – sete no norte da região autônoma, quatro no sul. Fornece concentrados de tomate às maiores multinacionais agroalimentares, como Kraft Heinz, Unilever, Nestlé, Campbell Soup, Kagome, Del Monte, PepsiCo. E também ao grupo americano McCormick, líder mundial em temperos e condimentos, dono das marcas Ducros e Vahiné na Europa.

A cada ano, a Cofco Tunhe produz setecentas mil toneladas de açúcar, compradas em parte pela Coca-Cola, pela Kraft Heinz, pela Mars Food, pela Mitsubishi e pelo gigante chinês do leite Mengniu Dairy, do qual a Cofco e a Danone são os principais acionistas. É também um dos principais produtores mundiais de polpa de damasco.

O gigante chinês processa anualmente 1,8 milhão de toneladas de tomates frescos para produzir duzentos e cinquenta mil toneladas de concentrado – um terço da produção chinesa. Obtido de tomates colhidos nos milhares de campos em Xinjiang, como esse perto de Wusu, o extrato de tomate Cofco é uma matéria-prima exportada para mais de 80 países.

Trabalhando duro nos campos, crianças participam da colheita de tomates destinados às multinacionais estrangeiras. Os que têm menos de 10 anos o fazem ao lado dos pais. A partir dos 13 ou 14, são autônomos e trabalham sozinhos. "Para nós, da etnia Han, isso não é bom. Não é ético que crianças trabalhem assim, nas plantações. Mas o que você queria? Esse pobre povo de Sichuan não tem escolha. Sem ninguém para cuidar dos filhos, é preciso arrastá-los para o trabalho", lamenta Li Songmin, o produtor cujos frutos não serão consumidos na China, mas no mercado internacional, comprados na forma de extrato por alguns dos grandes atores do *agrobusiness*. É com esses tomates que são produzidas as pizzas e fabricados os molhos da Europa.

II

CHANGJI, XINJIANG, CHINA

Altas chaminés recortam o céu cinzento, soltando um vapor adocicado de tomate cozido. Longos comboios de caminhões em marcha lenta, apinhados de tomates abafados pelo sol, transpõem os portões da usina de processamento. Logo ao entrar, percebo o vaivém de empilhadeiras transportando barris azuis. Aqui, a mais de duzentos quilômetros do campo em que é feita a colheita, na saída de Ürümqi, fica a fábrica de Changji. É a mais importante do grupo Cofco. Enquanto a usina em Wusu é sem graça, velha e caótica, a de Changji é radiante. Seus equipamentos parecem novos em folha, e seus entornos, cultivados por um jardineiro uigure, estão cheios de flores. Nesse cenário foi marcado meu encontro com o pessoal de comunicação da Cofco Tunhe.

Observar a caravana de caminhões de tomates indo e vindo no cinturão da usina é, para mim, a conclusão de um longo esforço: acabo de penetrar no coração de uma das "fábricas do mundo", instalações que ficam, em geral, cuidadosamente escondidas dos olhares curiosos. Aqui não se produzem aparelhos eletrônicos de ponta, como na Foxconn, em Shenzen; nada de último modelo da Apple em fase de fabricação ou pré-lançamento mundial; não é tampouco uma unidade onde se forja a última tecnologia na confecção de robôs; nem uma dessas oficinas de objetos ou móveis carimbados com siglas de grandes marcas ocidentais. É só uma fábrica da agroindústria chinesa, setor que não chama muito a atenção dos pesquisadores e analistas econômicos. No entanto, trata-se de domínio estratégico, concebido assim desde o início dos anos 1980 pelos dirigentes chineses, e cujo espantoso avanço permaneceu quase desconhecido.

Nação mais populosa do mundo, a China alimenta mais de 20% da população mundial, com apenas 9% das terras cultiváveis do planeta. Seu setor agrícola mobiliza um terço da população ativa e contribui com 10% do PIB. Mesmo que a autossuficiência em alimentos básicos seja há tempos um objetivo maior do governo, a balança agroalimentar ainda mostrava déficit de 32 bilhões de euros em 2014, agravado pela importação de soja e pelo aumento do consumo de carne por uma população cada vez mais urbana.

Mas é de forma equivocada que a agricultura chinesa é às vezes apresentada como um setor "em pane"[1] da economia do país. A China é o primeiro produtor mundial de trigo, arroz e batata; o segundo de milho e tomate industrializado. Sua produção de cereais aumentou 40% nos últimos 15 anos. E só para citar alguns exemplos: quem é que sabe que a China é o primeiro país exportador de suco de maçã concentrado, de ervas aromáticas, de champignon seco e de mel?

Seu setor agroalimentar passou, em 30 anos, de um modelo tradicional – articulando fazendas e mercados locais – a um sistema industrial coeso de agricultura intensiva, que orbita em torno de gigantes. Da mesma maneira que a China exporta produtos eletrônicos, o lendário "Império do Meio" já fornece, hoje, alimentos a baixo custo consumidos em todos os continentes.

"Nossa fábrica tem a capacidade de produzir 5,2 toneladas de concentrado por dia", ostenta Wang Bo, com seus 15 anos de experiência no ramo de tomates. Ele é assistente do diretor-geral da unidade. "Um projeto italiano, construído em 1995 e ampliado em 1999. Aqui, tudo começa pela chegada da matéria-prima, seguida de um processo de limpeza dos tomates."

Dispostos em passarelas metálicas na plataforma de descarga, onde estacionam os caminhões, operários com os rostos molhados de suor ficam de pé, na altura das cabines, de frente para o carregamento. Seguram com firmeza as manivelas que movem grossas mangueiras. Dentro das caçambas, a massa de frutas vermelhas se encolhe, atingida pela potente tromba d'água. Em cascata, os tomates são despejados num duto pela rampa do vagão. Num dobrar e desdobrar ritmado de braços, os operários empurram o fluxo com força, na direção da passagem. Pouco a pouco, o amontoado se reduz. As frutas desaguam num "rio" no qual são, ao mesmo tempo, enxaguadas e escoadas para o interior da fábrica.

III

"Aqui, só produzimos barris de concentrado de tomate. Os frutos são transformados com a ajuda de grandes máquinas", prossegue Wang Bo. "A pele e as sementes são retiradas, e os tomates, aquecidos e triturados.

Extraímos sua água por evaporação industrial. Depois, condicionamos o concentrado num recipiente esterilizado para facilitar o transporte por longas distâncias. É o que permite exportar nosso extrato para a Europa, a América, a África, a Ásia."

No fim da linha de produção, um operário acomoda sobre vários estrados os barris metálicos azuis, quatro de cada vez. Estes são conduzidos por uma correia à estação de preenchimento. Um operário recebe e controla os barris antes de enchê-los. Instala bolsas assépticas em cada um e fixa, sobre seu gargalo plástico, a "mão" de um "robô preenchedor". Depois, aperta um botão e observa, num monitor, a evolução do processo.

A máquina vem da Itália. Em poucas dezenas de segundos, a bolsa de 220 litros se enche de um triplo concentrado de tomate. É inflada até se adaptar à forma do receptáculo metálico. Quando a primeira está cheia, o trabalhador desatarraxa o gargalo atado ao robô. O equipamento gira o engradado para entregar ao trabalhador outro barril vazio. O operário repete a operação até que os quatro barris estejam cheios. E o processo recomeça. "Dez minutos são suficientes para aprender os movimentos. Aqui, neste posto, a gente faz os mesmos gestos o dia todo, a noite toda, o tempo todo", descreve o operador. Assim que quatro barris se enchem, o lote percorre numa esteira as últimas dezenas de metros antes de sair da usina. Lá fora, no fim da cadeia, os barris são levados por um veículo especial até a zona de condicionamento. Outros operários os selam com tampas metálicas e fixam rótulos indicando a qualidade do produto, sua concentração, a data de produção e a origem: "*Made in China*".

Um tomate industrial contém de 5 a 6% de matéria seca e de 94 a 95% de água. Os "duplos concentrados" são massas cuja razão matéria seca/água é superior a 28%. Os "triplos concentrados" têm índices acima de 36%. São necessários, portanto, seis quilos de tomate para obter um quilo de duplo concentrado numa fábrica moderna, otimizada – e bem mais que isso quando não for tão otimizada assim. Para o triplo concentrado, serão de sete a oito quilos.

Os grandes grupos processadores de tomates oferecem famílias variadas de produtos, do simples suco, obtido por pressão e esterilizado – sem concentração –, passando por massas de tomate pouco concentradas, até os produtos superconcentrados. A China é especializada nesses últimos: quanto maior o teor de matéria seca, menos água e mais baixo o custo de transporte.

Nas indústrias automobilística, aeronáutica, de informática ou eletrônica, é bem conhecida a existência dos FEO (inglês, *Original Equipment Manufacturers*, OEM). Na França, chamamos de "equipamenteiros" os produtores cujos nomes não chegam ao público e que fornecem as peças avulsas essenciais ao montador de um produto. Conectados ao mercado global, eles têm um papel-chave na produção dos bens de consumo que utilizamos. Produzindo em larga escala, são extremamente competitivos.

O setor alimentar não é exceção e conta também com seus "equipamenteiros", que respondem à demanda das multinacionais por matérias-primas apoiados numa "agricultura de firma".[2] Produzem todos os itens básicos que entram na composição dos alimentos padronizados e consumidos em massa. Assim, pouco importa se um componente alimentar como o ketchup Heinz é "montado" na China, na Europa ou na América do Norte: o que muda são os "equipamenteiros" – californianos, italianos, chineses – que melhor souberam se impor às multinacionais. Entre eles estão os três primeiros produtores de extrato de tomate, que dominam o mercado. Isso faz dos Estados Unidos, da China e da Itália os líderes, à frente das potências de segunda linha, como Espanha e Turquia.

A Cofco Tunhe, "equipamenteira" com sede em Xinjiang, é o "primeiro transformador". Fornece barris de concentrado aos grandes nomes da indústria mundial, que, em suas fábricas de "segunda transformação", reúnem as matérias-primas das receitas de seus produtos. A milhares de quilômetros dos campos chineses, utilizam e retransformam o ingrediente básico – extrato de tomate – para fabricar molhos, pizzas, pratos diversos e sopas.

A algumas centenas de metros dos evaporadores da fábrica da Cofco em Changji, operários transportam, na zona de estoque, barris azuis de concentrado ainda quente. No entreposto, os tonéis assépticos formam muralhas metálicas.

Outros empregados buscam no estoque os barris que devem ser exportados, acondicionados em reboques. Levados por caminhões pesados até os trens de carga na estação mais próxima, o concentrado da Cofco está prestes a percorrer milhares de quilômetros através da China até o porto de Tianjin – destino mais frequente –, metrópole ao norte de Pequim, última etapa antes de uma odisseia por três continentes.

IV

"Nós trabalhamos para muitas companhias agroalimentares. A Heinz é um de nossos clientes mais importantes. Temos com eles uma parceria forte há dez anos. São os maiores compradores de tomates industriais do mundo", informa Yu Tianchi, em entrevista na fábrica de Changji.

O senhor Yu é o chefão da Cofco Tunhe no setor de tomates industriais, o que faz dele um dos homens mais poderosos da cadeia mundial do ramo. "O processamento de tomate é uma atividade com margem baixa, por isso a Heinz compra nosso concentrado", explica. "Ela foca sua atividade onde as margens são maiores. Ajuda-nos enormemente, com as variedades de tomates que desenvolvemos juntos para otimizar a produção, ou no processo de formação de nossos produtores."

Desde o fim do século XIX, a Heinz Company é o maior comprador de tomates do mundo e o primeiro produtor de ketchup. Em 1916, a multinacional já tinha um centro de estudos agronômicos e jardins experimentais dedicados ao tomate. Isso foi pouco antes de construir fábricas exclusivas para a transformação e a produção de sopas, ketchup e molhos. Em 1936, vários programas de pesquisa voltados para o tomate foram lançados pela empresa: a aposta era criar variedades especiais para otimizar a transformação industrial do fruto vermelho. As pesquisas continuam até hoje.

A Heinz Seeds, por sua vez, é a número um do mundo da indústria de sementes de tomate, à frente de gigantes do setor, como HM Clause, do grupo Limagrain – quarto do mundo –, ou Bayer Crop Sciences, filial do grupo químico e farmacêutico Bayer, líder da indústria de sementes. Este, por sua vez, comprou a Monsanto em novembro de 2016 por 66 bilhões de dólares.

Variedades "híbridas", mas não geneticamente modificadas, os tomates Heinz entram na composição de uma ampla gama de alimentos consumidos diariamente no planeta. Inclusive produtos que não são da marca Heinz. Quanto ao fruto, as variedades de tomates industriais Heinz são hoje cultivadas em larga escala por toda a cadeia mundial, onde quer que haja consumo.

CAPÍTULO 2

I
CAMARET-SUR-AIGUES, VAUCLUSE, FRANÇA

Lá se vão mais de cinco anos: em 2011, na França, eu via pela primeira vez um barril de concentrado de tomate chinês, pelos espaços abertos de um cercado numa fábrica de enlatados na região da Provença. "Le Cabanon", dizia a placa vermelha. À direita, um prédio administrativo com a pintura descascada. Atrás do cercado, a zona de estoques, asfaltada, cheia de tonéis metálicos do tamanho de barris de petróleo. Armazenados ao ar livre em estrados, empilhados uns sobre os outros, os cilindros refletiam a luz do sol.

Eu havia descoberto o melhor atalho para chegar bem perto das mercadorias. Os rótulos, legíveis através da cerca, revelavam sua origem: "*Tomato paste. Xinjiang Chalkis. Made in China*". Estava na Provença, região onde nasci e onde minha avó, durante o verão, fazia compotas com os tomates da horta. Pela primeira vez tinha acesso direto aos imensos e enigmáticos barris de tomates vindos do outro lado do mundo, bem diferentes dos colhidos pela velha senhora.

Numa reportagem sobre um povoado vizinho, eu havia lido a rocambolesca história do grupo Chalkis, sociedade agroalimentar controlada por um imenso conglomerado, nas mãos do Exército da República Popular da China. Em 2014, eles tinham comprado a principal fábrica francesa de molhos de tomate: Le Cabanon. Até aquela época, a empresa local era organizada como cooperativa, processando os frutos de pelo menos cem produtores locais. Depois da venda, a direção da Chalkis passou a recusar qualquer contato e a manter silêncio sobre suas atividades.

Em 2004, os chineses se comprometeram a garantir um volume mínimo de produção local. Nós da região tínhamos o pressentimento de que, transferida para o pavilhão vermelho, a fábrica daria preferência aos insumos de baixo custo importados da China. Nunca imaginamos, porém, que a Cabanon fosse ficar 100% dependente do concentrado de Xinjiang.

Curioso, fui visitar uma antiga cooperativa. Queria fazer uma reportagem sobre os novos métodos de produção de conservas, cuja base não eram mais os tomates plantados na Provença, mas os concentrados importados da China. Ao chegar, o pessoal da cooperativa se recusou a me receber e a falar comigo. O caso era sério. Até o início dos anos 2000, a Cabanon era capaz de produzir sozinha um quarto do molho de tomate consumido pelos franceses. Uma vez vendida para os chineses, aquela que era a fina flor da produção do país teve sua estrutura industrial lenta e decisivamente decepada. Primeiro, a Chalkis demitiu os empregados. Depois, suprimiu o maquinário de "primeira transformação". Da antiga fábrica ficou só a marca "Le Cabanon" e a atividade de "segunda transformação", ou seja, as máquinas para diluir o concentrado. Desmontadas, todas as máquinas de "primeira transformação" foram a leilão[3]: estações de recepção de caminhões, nas quais começa a lavagem; turbo-extratores; trituradores a calor; evaporadores para gerar o concentrado; esteiras; estações de condicionamento, etc.

Os produtores locais tiveram que se adaptar. A Cabanon também deixou de comercializar seus produtos, tão conhecidos dos clientes, passando a fabricar tudo a partir do concentrado de Xinjiang. Os potes de conserva, com seu molho "produzido" na histórica usina de Vaucluse, podiam continuar a se passar legalmente por "*Made in France*", com o célebre logotipo do Cabanon mostrando um casebre provençal com um cipreste bordado. A matéria, no entanto, havia mudado de origem, e não havia legislação que obrigasse a informar isso. Dessa maneira, a Cabanon vendia seus vários "molhos" de tomate provençais, utilizando sua marca e as de seus distribuidores, destinados a supermercados europeus.

Como e por que a Chalkis, sociedade que nasceu das fileiras do Exército chinês, interessou-se, no início do milênio, em assumir o controle de uma fábrica de tomates francesa? Por que, como se lembram ainda franceses que atuam no ramo, tantos generais chineses desembarcaram em Avignon vestindo seus melhores uniformes só para conversar sobre tomates? Quem eram os criadores e os beneficiários desta "sino-militarização" de uma compotaria provençal? E quem era o general Liu, um dos hierarcas do regime, que veio liderar as negociações? Eu não tinha nada além de um recorte de jornal[4] publicado em meio a um estranho silêncio, mas o desejo de saber mais me consumia.

II

Com o tempo, descobri que as desventuras industriais da Cabanon não eram uma exceção, mas uma regra. E uma regra generalizada, que se espalhou pela América do Norte, pela Europa e por vários países da África Ocidental. A mudança se inicia duas décadas atrás, quando fábricas que transformavam tomates locais para mercados nacionais decidiram fechar as portas do dia para a noite sob a alegação de não serem "suficientemente competitivas". Em outras palavras: eram incapazes de rivalizar, numa economia globalizada, com barris de concentrados importados do outro lado do mundo a preço de banana. Hoje, produzir molhos ou alimentos a partir de tonéis de concentrado é uma prática ordinária do agronegócio mundial.

O exemplo da Holanda é emblemático. Com importações anuais de 120 mil toneladas de concentrado de tomate estrangeiro, o país exporta mais de 190 mil toneladas de molhos, principalmente ketchup. É na Holanda que se produz, hoje, o mais famoso molho escuro de tomate consumido no Reino Unido, o HP Sauce, inventado em 1895. Comprada pela Danone em 1988, por 199 milhões de libras, a marca foi revendida para a Heinz em 2005, e a transação foi aprovada pelas autoridades britânicas em abril de 2006.

No mês seguinte a Heinz decidiu que as garrafas de molho HP não seriam mais produzidas na Inglaterra, em Aston, no Condado de Midlands Ocidentais, subúrbio de Birmingham. Epicentro da industrialização da Inglaterra, a cidade fora apelidada, no século XIX, de "o ateliê do mundo". A partir de 2006, tudo seria produzido em Elst, na província de Gueldre, Holanda, onde a Heinz dispõe de uma das maiores fábricas de molho do mundo. À época, uma campanha de boicote foi lançada no Reino Unido. Esse deslocamento fortemente simbólico – HP é a sigla de "Houses of Parliament" [Casas do Parlamento] – provocou um debate nacional, sobretudo entre políticos de Westminster. Em vão: a Heinz foi irredutível. Os rótulos do célebre molho escuro não mudaram – pode-se até hoje ver nelas o Big Ben –, mas a fábrica inglesa fechou na primavera de 2007 e foi destruída no verão seguinte. A placa "HP", da histórica unidade, virou relíquia exibida no museu de Birmingham.

Em sua unidade holandesa, a Heinz Company produz, a partir de barris de concentrado de tomate importados, os molhos destinados à Europa Ocidental, especialmente seu famoso Tomato Ketchup. A produção demanda anualmente 450 mil toneladas de concentrado, ou dois milhões de tomates colhidos.[5] Da cadeia mundial, que em 2016 transformou 38 milhões de toneladas de tomates, a Heinz engole anualmente mais de 5%.

Foi graças a seu ketchup que ela virou um império global. Produto "icônico" do *American Way of Life*, como a sopa Campbell, o ketchup vem inspirando, através das décadas, artistas, publicitários e jornalistas. Mas o que sabemos, ao certo, sobre esses molhos à base de tomate? Qual é a sua história? E o que ela nos conta sobre o capitalismo?

Kraft Foods e Heinz Company fundiram-se em 2 de julho de 2015. Juntas, as duas empresas formam hoje a Kraft Heinz Company, gigante que reúne sob seu guarda-chuva 13 marcas e faz da nova multinacional, com mais de 28 bilhões em faturamento anual, a quinta maior companhia do mundo dentro da indústria agroalimentar – setor que pesa quatro trilhões de dólares anuais, segundo o Departamento de Agricultura dos EUA. Seus acionistas majoritários são os fundos de investimento

3G Capital e Berkshire Hathaway – *holding* do multibilionário americano Warren Buffett, dono da segunda maior fortuna mundial.

Primeiro, a Heinz Company foi comprada por 28 bilhões de dólares em fevereiro de 2013 pela 3G Capital e pela Berkshire Hathaway. Em 2012, a sociedade faturou 11 bilhões; naquele ano, sua fatia no mercado mundial de ketchup era de 59%. À época, o negócio foi um acontecimento sem precedentes: era a maior operação de aquisição da história do setor agroalimentar. Com a fusão de 2015, a Kraft Heinz Company bateria novo recorde: a Berkshire Hathaway investiu dez bilhões de dólares extras para concluí-la. Hoje, Kraft Heinz e suas concorrentes, as 15 maiores multinacionais do *agro*, são responsáveis por mais de 30% das vendas de supermercados do planeta.

III

Estante de conservas. Corredor de arroz e massas. Num supermercado, quem se debruça sobre as prateleiras para escolher uma lata de extrato, um frasco de ketchup, uma conserva de tomate moído ou um pote de molho cozido acredita, em geral, que o principal ingrediente é um tomate igual ao que se encontra na seção de frutas e legumes ou na feira. Alguns podem até duvidar que seja um tomate de produção intensiva, mas todo mundo, ou quase, acredita que é um fruto redondo que cresceu sobre uma planta, escorado por uma estaca. Afinal de contas, o que é um tomate senão um tomate?

Claro, todos sabem que há múltiplas variedades, que uns são bons, outros horríveis. Como ouvi tantas vezes, existem "os do jardim, que crescem em hortas, os do campo e os da serra, em estufas". Mas, de tanto conversar com consumidores nos supermercados e pizzaiolos em seus fornos, percebi que a maioria não sabe nada a respeito do tomate processado – como eu mesmo não sabia antes de começar esta pesquisa. Faz sentido: são os belos tomates redondos e uniformemente vermelhos que aparecem em anúncios e embalagens. Doze bilhões de invólucros são usados anualmente pela indústria agroalimentar para condicionar produtos que levam extrato.[6]

O imaginário do tomate é poderoso, e a indústria trabalha para mantê-lo vivo. Quem já viu um tomate industrial? Ele está para um tomate fresco como uma maçã está para uma pera. É outro fruto, outra geopolítica, outro negócio.

O tomate industrial foi criado pelos geneticistas: suas características foram pensadas para se adaptarem perfeitamente ao processamento pela indústria. É uma mercadoria universal que, transformada e acondicionada num barril, pode percorrer distâncias muito superiores à circunferência da Terra antes de ser consumida. Seus circuitos econômicos se ramificam. Em tudo o que é lugar, em todos os continentes, o tal tomate industrial é distribuído, comercializado e consumido.

Não é um fruto redondo, mas alongado. É, também, mais pesado e mais denso que um tomate fresco, já que tem muito menos água. A pele de um tomate industrial é bem espessa: ele resiste quando se tenta mastigá-lo cru. É tão duro que pode suportar longas viagens de caminhão. E não estraga com facilidade. Os agrônomos o chamam, brincando, de "tomate de combate" –, tão firme que nunca explode, mesmo se estiver no fundo da caçamba, sob centenas de quilos de colheita. Foi estudado e concebido para esse fim. Por isso, não é aconselhável atirar tomates industriais na cara de um artista polêmico ou de um político: seria como apedrejá-lo, e talvez ele não mereça tanto.

Se os tomates de supermercados são cheios de água – que corresponde à maior parte de seu peso –, os tomates industriais contêm o mínimo possível de H_2O. Eles não são suculentos. Ao contrário: na fábrica, todo o trabalho de processamento consiste em evaporá-los para obter uma pasta extremamente densa. Um tomate de supermercado, venha ele da serra ou do campo, em nada serve para a produção de concentrado, pelos padrões em vigor. Se as conservas do século XX podiam usar os excedentes de tomates que iam para os mercados para evitar desperdício, essa prática hoje é raríssima.

Transformar o tomate em concentrado dentro das regras da cadeia mundial implica, ao mesmo tempo, cultivar variedades de tomates industriais que se adaptem às máquinas. A partir de espécies selecionadas, as usinas de processamento fabricam extratos que seriam impossíveis de processar numa cozinha caseira. A água é extraída sob pressão por evaporadores poderosos, a uma temperatura inferior a 100 °C, de forma que os frutos não sejam cozidos, que seu açúcar natural não caramelize e que o produto não queime, não estrague e não tenha sua cor alterada – ou seja, não escureça. Assim, a transformação industrial tende a preservar ao máximo as qualidades do fruto. É esse, pelo menos, o procedimento otimizado para fazer um concentrado de alta categoria.

Assim como existem vários métodos de refinamento de petróleo para diferentes tipos de combustível, a indústria do tomate é capaz de produzir qualidades diversas, seguindo critérios como concentração, cor, viscosidade, homogeneidade (com ou sem pedaços residuais), etc. Os princípios do processamento pouco evoluíram desde as origens dessa indústria, no século XIX, mas a escala de produção e o ritmo de fabricação mudaram enormemente. A cadeia se desenvolveu em grandes saltos e se tornou inteiramente global, a ponto de, hoje em dia, toda a humanidade comer tomate industrial, conscientemente ou não.

Como o sol é uma fonte de energia abundante e gratuita, todos os tomates industriais, em seu esplendor e riqueza, crescem nos campos em plantações extensas e são colhidos no verão. Na Califórnia, a colheita começa às vezes na primavera e termina, como na Provença, durante o outono.

Nós nem o percebemos mais, de tão integrado que está em nosso cotidiano. Ingrediente incontornável tanto do *fast-food* quanto da dieta mediterrânea, o tomate ultrapassou as divisões culturais e alimentares e não se submete a nenhum limite. As "civilizações do trigo, do arroz e do milho", conceito do historiador Fernand Braudel, que distingue cronologicamente territórios e populações em função de suas culturas agrícolas e de sua alimentação básica, cederam lugar a uma única "civilização do tomate".

Fruta para os botânicos, legume para os fiscais de alfândega, barril para o negociante: o consumo de tomates se espalhou pelos continentes e fez, rapidamente, a fortuna da indústria. Ketchup, pizza, molhos, seja *barbecue* ou mexicano, pratos preparados, congelados ou em conserva, o tomate industrial está em tudo. Misturado à farinha ou ao arroz, ele é encontrado tanto nas receitas populares e calóricas do mundo inteiro quanto nos pratos tradicionais de diferentes culturas, do *mafé* senegalês às *paellas*, passando pelo búlgaro *chorba*. Em suco no avião, nas torradas do Magrebe, da Austrália ao Irã, de Gana à Inglaterra, do Japão à Turquia, da Argentina à Jordânia, o concentrado de tomate e seus derivados são perfeitamente universais.

Na pesquisa para esta reportagem, descobri que, em mercados dos países mais pobres do mundo, vende-se às vezes extrato em colheres a preços infinitesimais, equivalentes a alguns centavos de euro. O concentrado de tomate é o produto industrial mais acessível da era capitalista. Está à disposição de todos, inclusive das pessoas em situação de pobreza absoluta, que vivem com menos de 1,50 dólar por dia. Nenhuma outra mercadoria no capitalismo alcançou tamanha hegemonia global.

Cultivado em 170 países segundo a Organização das Nações Unidas para Alimentação e Agricultura (FAO), o tomate, tanto o fresco como o industrial, registra nas últimas cinco décadas uma progressão espetacular de consumo. Em 1961, a produção mundial de batatas era de cerca de 271 milhões de toneladas, e a de tomates, dez vezes menor, com 28 milhões. Desde então, a produção de batatas cresceu duas vezes e meia (376 milhões de toneladas em 2013), enquanto a de tomates multiplicou-se por seis, atingindo 164 milhões de toneladas anuais. O tomate industrial, com 38 milhões de toneladas transformadas em 2016, representa um quarto do total.

Longe da imagem cordial, simpática e "fofa" divulgada pelas marcas em seus logos e suas ações de marketing, homens de negócios conduzem uma guerra econômica impiedosa. Segundo o Conselho Mundial do Tomate Industrial (*World Processing Tomato Council*, ou WPTC), o volume anual do setor chega a 10 bilhões de dólares. É um meio restrito, no qual um punhado de atores partilha o reinado sobre os tomates consumidos pela humanidade. São italianos, chineses, americanos... Parma, na Itália, é o berço dessa indústria disseminada inicialmente nos EUA. A cidade ainda é um centro nevrálgico. Seus comerciantes e seus construtores de máquinas-ferramentas têm um papel primordial no coração da engrenagem, entre os dois maiores gigantes, o americano e o chinês.

Existem várias pesquisas jornalísticas sobre os grandes mercados que dividem entre si, segundo seus interesses geopolíticos e estratégicos, um limitadíssimo protagonismo. Do petróleo ao urânio, dos diamantes às armas, dos metais de terras-raras, tão indispensáveis ao setor eletrônico, aos minérios, não faltaram investigações: todas as matérias-primas passam, cedo ou tarde, pelo crivo e pela análise de olhos rigorosos. Inclusive em se tratando de gêneros agrícolas básicos.

Há, contudo, uma palavra que uma vez pronunciada provoca risadas. Quem faria uma pesquisa sobre o tomate? É irresistível: que piada, o *tomate*! E, no entanto...

No início de minha apuração, meus interlocutores demonstravam espanto e escárnio quando eu trazia o assunto à tona. Essa reação poderia ter sido um freio às minhas aspirações. Ela se transformou num motor. A surpresa incrédula dos ouvintes me fez compreender que a aventura industrial do tomate havia escapado de todo questionamento, de toda curiosidade.

O consumidor ignora como o tomate industrial se impôs à espécie humana. Ele sabe com certeza que o ponto de origem do tomate "selvagem" é a América do Sul. Já a ideia de que sua indústria começou no século XIX no coração da Velha Europa, na Itália, é mais distante e nebulosa. Mas assim foi, antes mesmo de uma das primeiras multinacionais da história moderna, a Heinz Company, ter descoberto precocemente, nos EUA, que a receita para alcançar o poder global era à base de tomates.

Escolhi viver em Roma e aprender italiano. Não haveria melhor posição para atravessar a península de norte a sul, entre as sedes de grandes marcas italianas e as fábricas de conservas da Campânia. Percorri dezenas de milhares de quilômetros, da Ásia à África, da Europa à América do Norte, para remontar a cadeia. Pus os pés num grande número de plantações e visitei dezenas de fábricas. Encontrei dirigentes desta indústria, assim como seus trabalhadores anônimos, seus camponeses miseráveis e seus colhedores exilados em imensas favelas metropolitanas.

O que haveria de melhor que uma mercadoria universal, tão familiar a cada um e a todos nós que até parece "natural", que se mostra de uma evidência atemporal, para contar a história desconhecida de seu aparecimento, expor as lógicas que induziram seu desenvolvimento e desvelar os mecanismos de produção em nossa economia globalizada?

E se essa história, por mais anedótica que pareça num primeiro momento, tivesse uma densidade desconhecida? E se abalasse ligeiramente a narrativa habitual da história da industrialização e a nossa visão dos últimos episódios da globalização econômica?

As histórias das maiores companhias dos Estados Unidos são muito mais do que simples crônicas de sucessos pessoais ou de empresas, porque elas oferecem igualmente um retrato das evoluções da nação. Inspirados por uma visão de mundo própria aos Estados Unidos, estimulados pela inovação tecnológica e apoiados pela multiplicidade crescente de infraestruturas, os empreendedores lendários, no fim do século XIX e no começo do século XX, contribuíram para moldar os Estados Unidos, assim como seu destino. Algumas dessas empresas, de presença persistente, adquiriram uma envergadura internacional e influenciaram nosso século. A H.J. Heinz Company é uma dessas empresas.

Henry Kissinger[7]

CAPÍTULO 3

I

BIBLIOTECA BRITÂNICA, LONDRES

A pequena caixa de papelão azul contém um livro com letras elegantes. *The Golden Day* [O dia dourado] anuncia, na capa, a bela encadernação. Por si só, esta obra conta um capítulo desconhecido da indústria do tomate: seu papel na invenção da globalização. Em 11 de outubro de 1924, às 18h30 de Pittsburgh, às 15h30 de São Francisco e às 23h30 de Londres, começaram a ser servidos, simultaneamente, 62 banquetes perfeitamente sincronizados, em diferentes cidades dos Estados Unidos, do Canadá, da Inglaterra e da Escócia.

O cardápio global foi estritamente o mesmo em todos esses cantos do mundo. Dez mil pratos idênticos foram servidos no mesmo instante, da costa do Pacífico às Ilhas Britânicas. Graças a uma tecnologia de comunicação radiofônica de ponta, alto-falantes transmitiram diretamente os discursos e os hinos do banquete central de Pittsburgh, Pensilvânia, onde jantavam três mil convidados. Os discursos do evento chegaram por ondas de rádio até a Cidade do Cabo, África do Sul, onde havia sido instalado um receptor.

Essa grandiosa cerimônia de autopromoção foi concebida pela Heinz. O banquete mundial de 11 de outubro de 1924 foi precedido, na manhã daquele dia, pela inauguração, na sede da "Company" em Pittsburgh, de um memorial em homenagem a seu fundador, que morrera cinco anos antes.

No imenso pavilhão com o piso revestido de mármore e sustentado por colunas estriadas, a mais antiga funcionária da companhia teve a honra de puxar, com um golpe seco, o véu que cobria uma alta estátua de bronze. Diante da assembleia, desvelou-se a silhueta pétrea daquele que, em vida, havia sido um dos dez homens mais ricos dos Estados Unidos[8]: Henry J. Heinz, figura incontornável do capitalismo industrial.

Quando ele morreu, em 1919, a Heinz Company já era líder mundial na produção de ketchup, feijão cozido ao molho de tomate e picles. A multinacional empregava mundo afora, então, nove mil pessoas em jornada integral e mais de 40 mil durante as colheitas, e possuía mais de 400 vagões de mercadorias.

O bronze com a imagem do patrão, assim como os dois baixos-relevos gravados na pedra, foi feito por Emil Fuchs, artista conhecido por pintar e esculpir as imagens de vários monarcas no início do século XX.

II

"O que estamos realizando esta noite seria considerado, anos atrás, um milagre", disse o presidente dos Estados Unidos da América, John Calvin Coolidge, que aceitara fazer por telefone, para os convidados do *Golden Day*, o discurso mais importante do banquete mundial. Em sua fala, o presidente republicano endossou o triunfo do modelo Heinz: "Dez mil empregados e dirigentes de uma empresa formidável celebram, juntos, seu aniversário de 50 anos jantando lado a lado. [...] Eles ouvem os mesmos discursos, feitos pelos mesmos oradores, em todos esses lugares do mundo, ao mesmo tempo. Isso nos diz como são maravilhosas as conquistas da ciência. E enfatiza o quanto os grandes destinos da humanidade estão ligados ao progresso da invenção e da descoberta. Precisamos, dia após dia, nos preparar para uma velocidade acelerada se quisermos sobreviver ao ritmo de nosso progresso".

Presidente dos EUA de 1923 a 1929, Coolidge se tornou célebre por ter baixado os impostos em favor dos mais ricos e por sua política econômica de *laissez-faire*, que seria, segundo muitos economistas e historiadores, uma das origens da Grande Depressão dos anos 1930. Em 1924, ano do *Golden Day*, a Heinz publicou encartes publicitários mostrando as duas metades do globo terrestre. Em cada continente aparecem, como constelações, desenhos de trabalhadores do mundo inteiro, de diferentes cores de pele, vestidos com suas roupas tradicionais, ligados graficamente por meio de traços a um emblema circular, enfeitado com frutas e legumes, no qual se lê "57 variedades de coisas boas para comer", e a lista dos respectivos produtos. "Dos jardins do mundo aos mercados do mundo", acrescenta a peça publicitária, afirmando que 195 agências, pontos de venda ou depósitos disseminados pelo planeta estão a serviço das fábricas Heinz. Para garantir que as 57 variedades "cheguem a todos os países civilizados".

III

No dia 8 de novembro de 1930, seis anos após o primeiro *Golden Day* da Heinz Company, ocorreu uma nova edição do banquete mundial, na qual dezenas de milhares de trabalhadores reunidos numa estranha Internacional* jantaram de novo, simultaneamente, em todo o planeta. O pessoal da Heinz era mais numeroso e, agora, Espanha e Austrália juntavam-se ao circuito. Dessa vez, foi o 31º presidente dos EUA, Herbert Hoover, que tomou a palavra: "É um prazer participar dessa homenagem ao Sr. Heinz feita por seus empregados do mundo inteiro. [...] É uma sincera alegria para mim celebrar o aniversário de uma empresa com mais de 60 anos de paz industrial contínua. Esta longa história é a prova de que existe um interesse comum e mútuo nas relações entre empregado e patrão", proclamou o presidente republicano.

A Heinz havia realmente se tornado uma das mais importantes empresas do país, sem que nenhuma greve jamais tivesse sido declarada desde sua origem, o que era um fato excepcional para aquela época.

---

* Organização internacional socialista, fundada no século XIX, com o objetivo de unir trabalhadores de diversos países do mundo. [N.E.]

"A mecanização é tão emblemática em nossa civilização moderna que em geral nós temos a tendência de esquecer que a máquina mais maravilhosa e mais poderosa do mundo são os homens e as mulheres", prosseguiu o presidente. Como seu antecessor Coolidge, Hoover admirava na companhia seu caráter de nata da indústria, equivalente à Ford. À época a Heinz já era a melhor do mundo do ramo do ketchup. O entusiasmo por essa empresa multinacional, no ambiente dos negócios, não se baseava só em sua formidável eficiência industrial, nem em seu avanço tecnológico em capacidade de transformação e acondicionamento.

Se as garrafas vermelhas produzidas pela Heinz fascinavam então tantos homens políticos, produtores industriais ou articulistas da imprensa econômica, era primeiro e acima de tudo porque todos consideravam que a Company encarnava um modelo singular e promissor, capaz de extrair lucros fenomenais sem gerar conflitos entre trabalho e capital pela mais-valia e de resistir à progressão mundial do socialismo e às reivindicações dos sindicatos. Isso em tudo que era lugar, em todas as suas filiais internacionais.

Durante o segundo banquete mundial, que ocorreu um ano após o *crash* da bolsa em outubro de 1929, o presidente Hoover, promotor zeloso do livre mercado, dirigiu-se com muito entusiasmo aos trabalhadores e dirigentes da Heinz Company, fazendo votos de que seu modelo se tornasse global. Hoover lamentava, na verdade, que a experiência da multinacional americana "não seja universal". Porque, continuou, "se fosse, o mundo veria nascer um engenho capaz de promover um enriquecimento geral da felicidade humana". Hoover assim consagrou definitivamente a lenda da Heinz e, com ela, a tábua de salvação da indústria americana.

IV

MUSEU HENRY FORD
DEARBORN, MICHIGAN, ESTADOS UNIDOS

Onde começa a história do mito americano, ou, em outras palavras, a história da grande saga industrial?

Podemos achar algumas pistas em Dearborn, Michigan. Para se locomover no Museu Henry Ford, concebido para celebrar o capitalismo industrial, algumas famílias de visitantes pegam o trem a vapor; outras preferem embarcar a bordo de um verdadeiro Ford T; nos dois casos, irão explorar a Greenfield Village, maior exposição permanente dos EUA, ao mesmo tempo um parque de diversões e um mausoléu em homenagem a empresários "visionários e audaciosos".

Aqui em Dearborn, um dos berços da indústria automobilística, as crianças podem beber refrigerantes e comer doces enormes enquanto conhecem o laboratório de Thomas Edison, a loja de bicicletas dos irmãos Wright ou o primeiro ateliê de Henry Ford. Nesse complexo turístico, os visitantes circulam sobre uma passarela, que dá para uma linha de montagem de caminhões. Pode-se admirar uma quantidade interminável de velhos veículos a motor de todos os tipos, sejam carros abertos presidenciais, máquinas agrícolas ou aviões que foram pilotados por pioneiros. A função de tantas relíquias exibidas sob a luz de projetores é contar uma lenda: a dos Estados Unidos da América.

Com suas cinco janelas, duas pequenas chaminés e seus tijolos vermelhos, é impossível confundi-la com qualquer outra construção. É, sem dúvida, "o casebre onde tudo começou". Foi para admirá-la que fiz a peregrinação a Dearborn, na "Terra Santa" do capitalismo. A casinha é, de certa maneira, ancestral da garagem de Steve Jobs, dessas pequenas construções, estreitas, desconfortáveis, onde empreendedores bilionários em geral dão partida à sua meteórica ascensão. Desprovida de qualquer pompa ou marca, ela é, porém, um dos lugares mais lendários do país.

Construída em Sharpsburg, Pensilvânia, pelos Heinz em 1854, a modesta casa familiar de Henry John Heinz foi desmontada pela primeira vez em 1904 e remontada no gigante complexo industrial das fábricas de conservas Heinz em Pittsburgh. O casebre serviu de emblema da empresa e foi reproduzido em vários jornais, cartas, cartazes, medalhas, pingentes e colares entregues aos operários de destaque ao longo de todo o século XX. Uma lâmpada natalina inspirada no casebre ainda era oferecida em 1996 aos empregados da multinacional.

Depois de tê-la desmontado e transferido uma segunda vez, a Heinz Company ofereceu a construção ao Museu Henry Ford de Dearborn em 16 de junho de 1954, por ocasião de uma cerimônia patrocinada pelos netos de Henry J. Heinz e de Henry Ford. Naquele dia, Henry John "Jack" Heinz II entregou, com pompa, diante da porta de entrada, as chaves da casa a William Clay Ford.

"A H.J. Heinz, que nasceu nesta casa", informa orgulhosamente uma placa na porta, "desenvolveu um grande número de técnicas promocionais para influenciar o consumidor em seu ato de compra. A Heinz utilizou uma marca, logotipos e novas estratégias para garantir que seus produtos fossem reconhecidos e, com isso, aumentar suas vendas e seus lucros". Dentro da casa estão expostas todas as primeiras mercadorias produzidas pela multinacional, inclusive o célebre frasco de ketchup octogonal. Ao lado da garrafa de Coca-Cola, é um dos símbolos mais famosos da americanização do mundo.

Cuidadosamente emoldurado, percebo um cartaz Heinz do início do século XX, destinado aos trabalhadores: a pequena casa é banhada por uma auréola de luz dourada, digna de um estábulo na manhã de Natal. "É aqui que toda a história começou", revela o cartaz.

V

Reza a lenda que Henry John Heinz começou no negócio de legumes em conserva ainda criança, ajudando a mãe, de origem alemã, a vender conservas de raiz-forte. Hoje, todos os frascos de ketchup Heinz vendidos no mundo dizem no rótulo que a Company foi fundada em 1869, data de criação da primeira empresa de seu fundador. É falso: a empresa faliu logo após a grave crise bancária de maio de 1873, *crash* acionário que deu origem à Grande Depressão de 1873-1896. Mas os aduladores de Henry se encarregaram de esconder do público essa falência, sobre a qual não se faz qualquer menção em sua primeira biografia oficial, publicada m 1923,[9] pouco depois de sua morte. Assim, a "Heinz Company" que conhecemos só nasce, de fato, em 1876.

Um ano depois, com 32 anos, Henry usa latas de conserva pela primeira vez em sua fábrica. Está profundamente traumatizado pela Grande Greve Ferroviária de meados de 1877, que teve entre seus episódios mais sangrentos a "Comuna de Pittsburgh",[10] de 19 a 30 de julho. O movimento, declarado pelos ferroviários americanos em resposta às reduções de salários e de pessoal, uniu a população, em estado de extrema pobreza. A luta social foi sustentada em algumas cidades por uma das primeiras formações de inclinação marxista da América do Norte, o Partido dos Trabalhadores dos Estados Unidos.

O conflito mobiliza cem mil trabalhadores. Em muitos estados estouram greves fora do controle dos próprios sindicatos. Os grevistas conseguem tomar Chicago, Pittsburgh e Saint-Louis. Por uma semana, as comunicações são cortadas entre as costas Leste e Oeste. O país está parado, e os empresários entram em pânico: é a primeira onda de "medo vermelho" nos Estados Unidos. Apenas seis anos após a Comuna de Paris, ainda fresca na memória coletiva, as cenas de violência e destruição dos amotinados e da repressão sobre o movimento lembram a Guerra da Secessão. A imprensa da época se pergunta: estariam os anarquistas perto de tomar o poder nos EUA?

Em 25 de julho de 1877, Marx escreve a Engels: "O que você pensa dos trabalhadores dos Estados Unidos? Este primeiro levante contra a oligarquia capitalista desde a Guerra Civil será, é claro, derrubado, mas poderia marcar o nascimento de um partido operário sério no país".[11]

Como previu Marx, a revolta, de fato, é massacrada a tiros de canhão pelas tropas federais. A repressão provoca seguidos banhos de sangue. Muitos grevistas são mortos em Maryland, na Pensilvânia, em Illinois e no Missouri. Só em Pittsburgh, são 61 vítimas fatais. Em seu diário, Henry John Heinz narra detalhes dessas cenas violentas e se inquieta com o fato de que o povo, nesses dias sangrentos, tenha tomado partido dos grevistas, promovendo a luta de classes.

Para afastar o que se chamaria em breve de "perigo vermelho", Henry J. Heinz, puritano e higienista, decide implantar em sua empresa o que ainda não era conhecido pelo nome de paternalismo. Sua firma iria se tornar um modelo do gênero, cuja organização social poderia se aliar a um modo de produção "científica" pioneiro.

VI
CENTRO HISTÓRICO HEINZ, PITTSBURGH

Antes que Ford levasse automóveis padronizados às linhas de montagem, já saíam dos ateliês Heinz de Pittsburgh latas de feijão cozido ao molho de tomate fabricadas em verdadeiras linhas de produção, nas quais as tarefas, já divididas, estavam em vias de automação. O lacre das caixas foi automatizado em 1897, 11 anos antes de se iniciar a produção do Ford T. Os arquivos do Centro Histórico Heinz guardam fotografias datadas de 1904 nas quais se veem operários com o uniforme da empresa trabalhando numa linha de produção: os frascos de ketchup se movem num trilho. Em 1905, Heinz vendeu um milhão desses frascos; dois anos mais tarde, foram 12 milhões.

Quando Michael Joseph Owens, inventor da primeira máquina capaz de automatizar a produção de frascos de vidro, decidiu comercializar sua invenção em 1903, a Heinz Company logo se mostrou interessada em produzir ela mesma os frascos de seus produtos; foi uma das primeiras empresas do mundo a se equipar em peso com as novas máquinas. O investimento permitiu acentuar ao extremo a racionalização de uma produção de massa já padronizada. Isso fez despencar o custo do conteúdo, que representava até então um limite ao desenvolvimento da venda de produtos Heinz, inclusive um certo Tomato Ketchup.

Com a introdução de máquinas-ferramentas de Owens, o custo de produção do frasco de ketchup caiu quase dezoito vezes. Esses equipamentos industriais se tornaram possíveis graças ao maior domínio da energia e à evolução de suas tecnologias: os ateliês Heinz de Pittsburgh renunciaram muito cedo ao uso de carbono na forma de gás. Mais tarde, a Heinz foi uma das primeiras empresas americanas a se conectar à rede elétrica do país.

Alguns anos antes, em 1898, o engenheiro Frederick W. Taylor juntou-se como consultor à Bethlehem Steel, no leste da Pensilvânia, um dos gigantes do aço. Ali, aplicou seus princípios de organização "científica" do trabalho: análise rigorosa de todas as atividades inerentes à produção, divisão do trabalho e otimização de cada tarefa. O taylorismo em breve passaria por uma das usinas de aço de Pittsburgh, depois faria escala em outras fábricas dos arredores, entre as quais o ateliê de conservas da Heinz Company, que iria automatizar parcialmente sua produção e começar a utilizar esteiras para aperfeiçoar sua organização.

Cronometragem dos movimentos dos operários, identificação de gestos inúteis, aumentos drásticos de cadências: uma vez imposto aos empregados o *scientific management* [gestão científica], o rendimento da Heinz disparou, o que gerou uma redução de preços de venda das mercadorias. Assim, a Heinz, primeira empresa agroalimentar a adotar os métodos de organização racional do trabalho que fizeram a rápida reputação do taylorismo, virou também uma das pioneiras da produção em massa nos Estados Unidos.

Em 1905, a empresa atravessa o Atlântico e manda construir sua primeira fábrica na Inglaterra. Já tinha uma instalação no Reino Unido desde 1896[12] e exportava produtos para a região. Decidia, agora, produzir localmente. Uma foto da sede britânica, tirada em Londres em 1903, mostra os dizeres, em inglês:

HEINZ
AMERICANA
PRODUTOS À BASE DE TOMATE
57 VARIEDADES

Símbolo de um sucesso fulgurante, a Heinz Company concentra sozinha, em 1907, um quinto dos investimentos da indústria agroalimentar nos EUA.[13] Em 1910, a produção anual da empresa já está na casa dos 40 milhões de latas de conserva e 20 milhões de garrafas de vidro. Devido à difusão internacional de seus produtos, a Heinz passa a ser, nesta época, a multinacional mais importante do país.[14]

Antes do fordismo, a organização pensada por Henry J. Heinz sistematiza, com incrível minúcia, o uso do taylorismo e do trabalho em linha; o processo é acompanhado por uma política de altos salários para os operários que aceitam adaptar seu comportamento às normas promovidas pelos patrões. Heinz defende uma política paternalista inédita. Não se trata só de aplicar os gestos determinados, mas também de se integrar à vida organizada pela empresa: em torno da fábrica são instalados ginásios, quadras esportivas ou piscinas que os operários são convidados a frequentar, assim como bibliotecas cujos livros e jornais são cuidadosamente selecionados. Os trabalhadores são enquadrados e educados conforme os valores puritanos do patrão. Todas as outras publicações são proibidas. Para o lazer, há o parque – o de Pittsburgh recebe até um crocodilo que o chefe comprou em uma de suas viagens à Flórida.

No início do século XX, a empresa rival, Campbell Soup Company, também racionaliza sua produção, mas pelo método Bedaux, substituto do taylorismo; ela enfrenta conflitos recorrentes e lutas sindicais vigorosas, encadeadas pela extrema dureza de suas condições de trabalho e pela violência da repressão antissindical.[15] Jamais ocorreu esse tipo de atrito na Heinz. O uso desmedido de punições pela direção da Campbell Soup contra seus empregados não é a opção escolhida pela Heinz Company, que, por sua vez, prefere usar uma estratégia de recompensas paternalistas.

Esta se mostra muito mais eficaz para garantir a ordem desejada pela direção e manter em paz o coração da empresa. Ao escolher pagar melhor seus empregados mais dóceis, que demonstram uma "boa moralidade", a empresa goza das vantagens que Henry Ford vai perseguir ao instaurar o *Five dollars a day* [cinco dólares por dia]. O programa de fidelização da mão de obra bem formada e obediente traz uma forte redução da rotatividade, aumenta o nível de consumo dos operários e incentiva que uma parte desse consumo seja feita em produtos da casa.

A partir dos anos 1890, Henry John Heinz cria na empresa o "departamento de sociologia", com a missão de estudar a mão de obra e lançar ações psicológicas direcionadas ao empregado, exatamente como fará

Henry Ford. Heinz pode, assim, contar com tropas de choque bem no interior de sua instalação industrial, que integram a *Pickle Army*: uma autêntica divisão especial, composta de operários de elite escolhidos a dedo, encarregados de garantir a ordem, a prudência, a moral e os bons costumes nas oficinas – como também de assegurar a permanente doutrinação de seus empregados.

VII
CEMITÉRIO DE HOMEWOOD, PITTSBURGH

Na virada para o século XX, Pittsburgh é um dos principais centros da economia mundial. Muitas grandes fortunas industriais foram feitas ali. Os novos-ricos vivem num mesmo bairro, East End.[16] Entre eles, um número abundante de banqueiros e políticos do Congresso e do Senado – Washington não fica longe – e, claro, de industriais: os bilionários mais presentes são os barões do aço, Charles Michael Schwab, Henry Clay Frick e o "homem mais rico do mundo", Andrew Carnegie. O magnata da eletricidade George Westinghouse e o pai da indústria do vidro Edward Libbey também são "*East Enders*". A dinastia Heinz é uma das grandes famílias do bairro.

Hoje, no coração do tranquilo e verdejante cemitério de Homewood, em Pittsburgh, os vizinhos de outro tempo dividem a morada eterna: o mausoléu da dinastia Heinz, um imponente cubo branco com vitral e uma cúpula, está a poucos metros da tumba do tristemente célebre Henry Clay Frick, o magnata do aço cuja milícia, armada de fuzis Winchester, assassinou nove operários grevistas na noite de 5 para 6 de julho de 1892.

VIII
RUA HEINZ, PITTSBURGH

Para lá da Ponte dos Veteranos, que cruza o Rio Allegheny, erguem-se duas chaminés de tijolo. "Heinz", anuncia uma delas; "57", exibe a outra. Na história do capitalismo, a "Casa das 57 variedades" em Pittsburgh

– é este seu nome – era um complexo industrial diferente dos outros: foi o berço mundial da agroindústria. Durante a industrialização, o recrutamento de mão de obra pelas fábricas de conserva geralmente era feito, na Europa ou nos EUA, seguindo o preconceito sexista da época: a preparação da comida ficava com as mulheres. Em Pittsburgh, centro da siderurgia, os homens eram contratados para fazer funcionar os altos fornos e derramar o aço. As mulheres então representavam uma mão de obra disponível. As operárias ofereciam uma vantagem: pelo mesmo trabalho, recebiam metade do que os homens ganhavam, fato que não passava despercebido ao empregador local da Heinz Company.

As fábricas de conserva são lugares vitais para entender a história da condição de trabalho feminina. Em 1900, a Heinz emprega 58% de mulheres. O recrutamento é aberto a operárias a partir dos 14 anos. A força feminina é constituída em sua maioria por mulheres solteiras com idade de 14 a 25 anos, numa média de 20 anos, registra um dos mais antigos estudos sociológicos americanos, o *Pittsburgh Survey* (1907-1908), cujo relatório final é publicado em 1911.

Com seis volumes acompanhados de imagens do sociólogo e fotógrafo Lewis Hine, que tornou público o trabalho infantil nos Estados Unidos, o documento mobilizou mais de 70 pesquisadores; é um retrato precioso da pobreza e da exploração impiedosa que atingiam os trabalhadores de Pittsburgh. Usando uma descrição metódica e estritamente factual do cotidiano dos trabalhadores, assim como um quadro estatístico preciso, e opondo os fatos à propaganda dos editorialistas ou à publicidade da época, o estudo teve um impacto cultural importante no país. Marca uma etapa-chave em direção à "era progressista", duas décadas depois.

O primeiro volume do *Pittsburgh Survey*, dedicado às condições de trabalho das mulheres e escrito pela socióloga Elizabeth Beardsley Butler, tem o título *Women and the Trades* [As mulheres e o comércio]. A pesquisa começa descrevendo a situação nas fábricas de conservas da cidade. Apesar de a Pensilvânia limitar o tempo de trabalho semanal a 60 horas, a pesquisadora relata que, nas usinas de processamento, a jornada pode alcançar 72 horas.

Hoje, as imagens de arquivo sobre a história das linhas de produção mostram a montagem de carros, um trabalho essencialmente masculino: eram as representações que tínhamos das origens da produção industrial de massa. Ora, a realidade histórica que deveria povoar nossa memória seria, com maior justiça, a imagem das jovens, ainda adolescentes, sub-remuneradas, as mãos e os braços mostrando sinais de queimaduras, instaladas atrás de uma linha de caixas de conserva de tomate, com toucas brancas na cabeça. Elas também, com legitimidade, deveriam entrar no ranking de proletárias submetidas ao tambor infernal das indústrias. Isso porque todos os traços típicos atribuídos ao modelo fordista já estavam, dez anos antes, nas condições de trabalho que o "heinzinismo" reservava a elas.

Os mesmos princípios de organização do trabalho serão partilhados pelo taylorismo, o heinzinismo e o fordismo: mesmas estratégias de produção de massa, mesma visão de um mundo ordenado pelo capitalismo... O mesmo imaginário e os mesmos exemplos de grandes realizações compartilhados pelos pioneiros dos ramos agroalimentar e automobilístico. Única diferença digna de nota, os produtos padronizados Heinz, suas conservas e molhos em frascos de vidro, eram bem mais acessíveis ao operário que um carro modelo Ford T. Foram comprados e consumidos nos Estados Unidos bem antes dos automóveis.

Aumento na produtividade resultante da mecanização, da motorização, da padronização e da racionalização da produção; intensificação do trabalho sob o peso de novos métodos de organização; política paternalista de integração dos trabalhadores à sociedade capitalista... A multinacional, desde sua fundação, firmou as bases de um modelo capaz de se impor não somente nos EUA, mas, de forma abrangente, em todo o planeta.

IX

"Pouco adiantaria produzir os melhores alimentos se não houvesse demanda por eles [...]" O capítulo "Heinz fala ao mundo" abre o livreto de boas-vindas distribuído aos empregados recém-contratados pela empresa nos anos 1950. O texto evoca as relações públicas e a "divisão publicitária" da marca: "A divisão publicitária cumpre um papel maior no estímulo e na manutenção da demanda. Para medir o sucesso deste trabalho, basta observar a curva crescente de nossas vendas e constatar que o nome 'Heinz' e suas 57 variedades são, hoje, universalmente conhecidos. [...] Os anúncios Heinz aparecem nas revistas há mais de 50 anos. Nós temos, no setor, a reputação de ser um anunciante excepcional. Em milhares de locais próximos às lojas ou em pontos de venda, letreiros, placas e cartazes promovem os produtos Heinz: são uma lembrança permanente. As rádios têm um papel igualmente importante de difundir mensagens a milhões de ouvintes. Mas nossas outras atividades também são vitais: o departamento de educação fornece páginas às revistas femininas, aos editores de revistas culinárias, aos comentaristas de programas sobre cozinha no rádio [e especificações] para as cozinhas industriais, como também às escolas, às quais oferecemos informações pertinentes para a educação. Nosso departamento de alimentação para bebês trabalha com hospitais, lactantes, nutricionistas e mães de família. Nosso setor de exposições exibe os produtos Heinz em congressos nos quais se reúnem profissionais de restaurantes ou em convenções médicas. Nosso departamento de negócios econômicos contribui com os esforços de todas as filiais desenvolvendo e testando centenas de métodos utilizados em nossas publicidades e em nossos folhetos. Se um dia alguém perguntar a vocês qual o trabalho da divisão publicitária, responda, simplesmente: 'Ela fala ao mundo'. Pois você estará com a razão".

CAPÍTULO 4

I
PEQUIM, CHINA

ESTAMOS NUM BAIRRO luxuoso e de acesso restrito, ao lado de um campo de golfe, no distrito de Chaoyang. Para transpor a primeira cancela, o visitante precisa ser anunciado a um guarda com uniforme preto, que, por interfone, inicia o procedimento de entrada. As grades são altas, eletrificadas e equipadas com câmeras (uma a cada 50 metros). Dez minutos depois, a cancela se ergue. No verde da paisagem, patrulheiros circulam de bicicleta. Há jardineiros por todo o lugar e automóveis caros estacionados em frente a casarões projetados por arquitetos.

Segunda parada. Segundo posto de checagem. Segundo guarda com uniforme preto, que inicia novo procedimento. Segunda espera. Incontáveis ruídos e crepitações no rádio. Passagem livre.

É em sua residência ultraprotegida, só para oligarcas chineses, que o general Liu Yi, fundador e antigo chefão da empresa agroalimentar Chalkis, me recebe. Sob o comando de Liu, a Chalkis tornou-se a maior exportadora mundial de concentrado de tomate nos anos 2000. Foi essa empresa que comprou a fábrica provençal Le Cabanon em 2004. É uma das estrelas do Bingtuan, conglomerado em Xinjiang liderado pelo Exército Popular.

Desde sua criação, a Chalkis recusa visitas de estrangeiros às fábricas e proíbe encontros com seus dirigentes. Nem mesmo os jornalistas especializados, que cobrem as atualidades da cadeia mundial para revistas de referência como *Food News* e *Tomato News* (e não podem, portanto, ser acusados de hostis aos interesses da indústria), jamais conseguiram colher informações da Chalkis, mesmo as mais objetivas e factuais.

Hoje, a empresa continua a guardar segredo com rigor militar. Alguns vendedores, encarregados de exportar barris de extrato de tomate, às vezes fazem comentários, mas as informações que dão se referem mais a volumes de produção e venda nas grandes linhas. Nunca uma boa história sobre os investimentos, os sócios ou as lutas internas pelo poder.

Em junho de 2014, quando eu iniciava esta reportagem, fui ao Congresso Mundial do Tomate Industrial (WPTC), em Sirmione, Itália. Às margens do Lago de Garda estavam todos os chefões do tomate. Grandes grupos de processamento que produzem concentrados em barril, negociantes, intermediários, compradores das grandes multinacionais agroalimentares como Heinz, Nestlé ou Unilever; diretores de sociedades propondo "soluções de empacotamento" para mercadoria; transportadores, armadores, produtores de sementes, químicos; sem esquecer os fabricantes italianos de máquinas-ferramentas atuando em todas as lavouras que abastecem usinas de transformação: estavam todos lá. Os mais altos nomes do ramo, que produzem as centenas de milhares de toneladas de concentrado que a humanidade consome anualmente, reuniram-se ali, por três dias, a portas fechadas.

As câmeras de televisão eram proibidas, com duas exceções: a videoconferência do comissário europeu da Agricultura e o discurso do ministro italiano da mesma pasta, que veio celebrar a "qualidade italiana" no encerramento do congresso.

Durante esses três dias, tentei multiplicar os encontros e achar minhas primeiras fontes, encher os bolsos de cartões de visita, fazer um curso intensivo de tomate industrial, tentar aprender os rudimentos da geopolítica dos concentrados e jogar a "dança das cadeiras" no jantar de gala com orquestra no qual entrei de penetra. Graças a um compatriota, por sinal; um simpático produtor de sementes favorável aos organismos geneticamente modificados (OGM).

Após uma busca obstinada, no segundo dia, durante um coquetel, alcancei meu objetivo principal: achar a delegação da Chalkis. Dois representantes da empresa estavam credenciados: o Sr. Ming Wu e a Sra. Lili Yu. Discretos demais, eles não se tinham feito notar até aquele momento, nem haviam pedido a palavra. O Sr. Ming Wu era ninguém menos que o segundo no comando do grupo, seu vice-presidente. Engenheiro da Universidade de Geociências de Pequim, formado em economia pela Universidade de Xangai, o homem deixou claro que não gostava de perguntas. Pelo menos, não as minhas. Lili Yu, que o acompanhava, falava francês: contou-me que havia estudado economia na Universidade de Aix-Marseille e que, em outra ocasião, integrara a equipe de comando da Cabanon, em Camaret-sur-Aigues, representando a Chalkis. Infelizmente, após trocar algumas palavras comigo por cortesia, Lili sumiu. Era inútil querer falar da Chalkis. Só dois anos mais tarde eu encontraria os meios à altura de meus fins.

II

Depois de ter fundado a Chalkis em 1994 e dirigido a empresa por 20 anos com mão de ferro, o general Liu deixou o posto em 2011. As circunstâncias de sua saída são obscuras. Para muitos produtores industriais e negociantes, Liu Yi parecia haver simplesmente desaparecido do ramo. Por ter deixado tão bruscamente o topo da empresa, dizia-se que fora derrubado. Existia também a hipótese de ele ter se envolvido em esquemas de corrupção. Os boatos eram persistentes, mas as provas, não. Um dos comerciantes de maior influência do ramo me disse[17] que o passaporte do general Liu chegara a ser apreendido temporariamente e que o gestor chinês estava sendo investigado.

Minha fonte não era qualquer uma: em 2014, sua empresa de *trading* havia comprado a Cabanon, justamente das mãos da Chalkis. Ele conhecera muito bem o general Liu, com quem fizera negócios e de quem comprara enormes quantidades de concentrado. Por um tempo, chegou a ser um dos maiores clientes de Liu Yi. Mesmo com tantas credenciais, porém, faltavam elementos que comprovassem o que ele dizia. Nas entrevistas feitas ao longo desta reportagem com nomes importantes do setor, nos salões internacionais da agroindústria ou em Tianjin, na China, sobre o destino do general Liu, uns mantinham um silêncio prudente, enquanto outros se divertiam com sua queda. Ficou claro para mim que, na indústria vermelha, o general havia acumulado grande número de rivais e suscitado conflitos e animosidade. Não havia com o que se surpreender.

Mas quem era o general Liu? O que acontecera com ele? Teria sofrido um revés por razões políticas, ou era um dos empresários chineses corrompidos e corruptores que o novo presidente Xi Jinping queria defenestrar dos negócios? Num país onde mais de um milhão de membros do Partido foram investigados[18] desde o lançamento da campanha anticorrupção, e considerando o crescimento de um negócio impiedoso como o do tomate, em que tudo é permitido, a hipótese não me parecia em nada extraordinária.

No entanto, eu não podia ficar empacado: era preciso encontrá-lo e entrevistá-lo. Interessava-me ouvir, antes de tudo, a história jamais escrita do braço chinês dos tomates: como a China se converteu no maior exportador mundial de tomate industrial? Havia ali um mistério. Nada melhor para decifrá-lo do que encontrar o pioneiro de sua construção.

A partir dos anos 1990, tal país asiático cresceu em potência na indústria de tomate processado até virar a líder global dos extratos, no início dos anos 2000. Em 2016, mesmo não tendo a maior produção mundial – ainda eram os Estados Unidos, via Califórnia –, a China continuava a ser a maior exportadora. Por que um país sem mercado interno lançou-se nesta cultura tão específica? Um gênero de alimento que ele mesmo quase não consome! Por que cultivar tomate industrial em Xinjiang, o extremo oeste chinês? Qual foi o papel do Exército Popular, do Bingtuan? E quais eram as razões da luta entre dois gigantes chineses, a Cofco Tunhe e a Chalkis?

III

Liu Yi usa a camisa aberta, exibindo um ofuscante cordão de ouro. Fuma um cigarro atrás do outro enquanto faz malabarismos com seus muitos telefones celulares. Na escrivaninha amontoa-se uma pilha de estudos de mercado sobre a evolução do negócio de tomates na África. Apesar de, durante todo o nosso encontro, fugir das perguntas sobre os motivos de sua saída da Chalkis em 2011, ele me recebe calorosamente: não esconde seu desejo de usar a ocasião exclusivamente em prol da construção de sua lenda pessoal.

Como outros empresários de sua geração, Liu só fala em mandarim. Isso apesar de ter negociado a vida toda com estrangeiros e de ter morado vários períodos na França após a compra da Cabanon, numa época em que a estrutura do Bingtuan mantinha até um escritório na famosa Avenida Champs-Élysées, no coração parisiense.

O general ia todos os meses ao país, onde mantinha uma relação próxima com Yanik Mezzadri, o maior comerciante francês especializado em tomate industrial. Quando a Cabanon foi vendida, Yanik trabalhava como intermediário entre os dirigentes franceses da cooperativa provençal e a Chalkis. Hoje proprietário da revista *Tomato News*, ele preside a maior fábrica de processamento de tomates francesa, em Tarascon, Bouches-du-Rhône. Yanik continua a ser um influente comerciante de produtos chineses no mercado mundial.

O general Liu exibe, entre risos empolgados, o documento de residência expedido pela República Francesa, que havia guardado desde os anos 2000. Faz questão que eu examine os papéis. Devolvo-os após verificar que o endereço é o da Cabanon: Estrada de Piolenc, Camaret-sur-Aigues, Vaucluse.

"Eu sou um filho do Bingtuan. O Bingtuan me criou. Eu cresci no Bingtuan. E trabalhei para o Bingtuan", recita o general.[19]

IV

Bingtuan... É impossível entender alguma coisa sobre a organização político-econômica da região de Xinjiang sem estar familiarizado com as engrenagens da mais potente organização governamental local: o Corpo de Produção e de Construção de Xinjiang (CPCX), mais conhecido como Bingtuan, que significa, literalmente, "corpo". Espécie de máquina administrativa "de exceção" com dimensões colossais, o órgão militar emprega 2,6 milhões de pessoas. São esses os números oficiais que aparecem num vídeo interno do CPCX de 2011, o qual eu consegui acessar em Ürümqi por vias extraoficiais.

O território do Bingtuan é composto por 14 divisões, que controlam 175 "regimentos rurais". Em 2011, a organização comandava 14 sociedades comerciais, entre as quais a Chalkis, uma de suas estrelas. A Cofco Tunhe, sua rival, não faz parte do Bingtuan. Os dois titãs especializados em tomates industriais são entidades distintas. A Cofco pertence ao Estado chinês, enquanto a Chalkis é propriedade do Bingtuan. A diferença vem do fato de que o Corpo de Produção e Construção de Xinjiang é um Estado dentro do Estado.

Como a região de Xinjiang é três vezes maior que a França, o Bingtuan controla cerca de um terço de suas superfícies cultiváveis e realiza um quarto da produção industrial regional. As razões de existir tal organização militar-agroindustrial têm a ver com a história de Xinjiang, uma das cinco "regiões autônomas" da República Popular da China, situada no extremo oeste: o regime comunista quis garantir o vínculo do país a um vasto e estratégico território, rico em petróleo, gás natural, carbono e urânio. A região também é propícia à instalação de bases militares "sensíveis", responsáveis por 45 explosões atômicas no deserto de Taklamakan entre 1964 e 1996, incluindo 23 na atmosfera.

Para tanto, além de sua administração especial, o partido escolheu transformar Xinjiang num território de colonização da etnia Hans e, assim, "dar-lhe o devido valor". Nesse processo, traumas são inevitáveis: fechado aos estrangeiros, pouco se sabe sobre o lugar, que só começa a fazer parte do mapa e aparecer na mídia a partir de uma série de explosões de violência, entre as quais as revoltas de Ürümqi nos dias 5 e 8 de julho de 2009. O confronto entre os hans e os uigures (população de nove milhões de sunitas turcófonos) deixou, segundo boletim oficial, 197 mortos e 1.684 feridos.

A primeira instalação política chinesa em Xinjiang remonta ao século XVIII, sob a dinastia Manchu; foi seguida de revoltas dos povos locais, depois de uma campanha empreendida pela política chinesa de assimilação.[20] A região foi integrada à China em 1884, após uma breve independência de 1864 a 1877. Mais tarde, ergueu-se por poucos meses uma república turca islâmica do Turquistão Oriental, entre novembro de 1933 e fevereiro de 1934, antes que os chineses retomassem o controle do território. De 1944 a 1949, uma parte deste passou às mãos da URSS. A anexação pela China em 1949 foi um golpe definitivo a todas as tentativas de independência. Nessa época, os hans totalizavam apenas 200 mil pessoas em Xinjiang. Hoje, são 11 milhões.

Como parte de sua política de colonização, a China conduz atualmente seu grande projeto de "nova rota da seda", um ousado plano de "marketing geopolítico",[21] que inclui um programa de desenvolvimento destinado a aumentar e tornar mais fluidas suas trocas comerciais para além daquelas realizadas com os países fronteiriços (oito, entre os quais Cazaquistão, Afeganistão, Paquistão, Caxemira indiana e Rússia), aprimorando o comércio com Irã, Oriente Próximo, Europa e África.

A região segue sob alta tensão. A comunicação com o exterior permanece difícil e é monitorada de perto. A internet é mais controlada e sofre muito mais censura que em Pequim. Num hotel em Xinjiang, precisei pedir autorização especial para receber uma ligação do exterior. Muitos hotéis, restaurantes ou lojas de Ürümqi, a capital, recebem os hóspedes ou visitantes por entradas de segurança, e qualquer viagem entre duas grandes cidades da região obriga os motoristas a pararem em vários postos de controle. Lá, passar por caminhões de combate abrindo fogo contra manifestantes ou por tropas de choque na esquina de qualquer rua é algo banal.

A chegada ao aeroporto já dá o tom da viagem: um grande número de homens fortemente armados usando capacetes compõe o comitê de recepção dos viajantes. O clima marcial não é, contudo, a única coisa que distingue o extremo oeste das regiões mais ao leste da China. O Bingtuan, gigantesco consórcio militar-agroindustrial, é uma especificidade própria de Xinjiang. Sua missão histórica é a colonização do território.

O Bingtuan é como um polvo, com tentáculos em todos os setores de atividade. Criou cidades inteiras. Hospitais, escolas, universidades, fazendas, indústrias... Explora minas e produz matérias-primas, depois as processa. O algodão que brota em seus campos é encaminhado às fiações. Os tomates de suas terras são processados em suas usinas e parcialmente recondicionados em fábricas de conservas. Seu gado abastece seus próprios abatedouros. Sua imensa lavoura fornece insumos a empresas que condicionam todo tipo de gêneros alimentícios. A tudo isso se junta uma potente indústria química.

A criação do Bingtuan data de 1954. "Nessa época, obedecendo à vontade do governo central, os oficiais e os soldados do Exército Popular de Libertação se juntaram, em Xinjiang, ao Corpo de Produção e de Construção", relata, com música militar ao fundo, o filme de autocelebração do Bingtuan, destinado a seus membros, que eu achei em Ürümqi e salvei secretamente em um *pendrive*. Na tela desfilam imagens de arquivo: paradas militares, tanques, vistas aéreas de grandes superfícies agrícolas cultivadas por fileiras de máquinas. Colheitadeiras, numa perfeita diagonal, avançam sobre a plantação como tanques num desfile na Praça da Paz Celestial, em Pequim. Um avião borrifa pesticidas na lavoura. Fábricas monumentais trabalham a pleno vapor. Imensas torres estão em vias de construção...

A cena se funde com imagens de cargueiros apinhados de contêineres. O produtivismo está à toda e realiza milagres: "No coração do deserto de Taklamakan, e ao longo de suas fronteiras, o Bingtuan tornou cultiváveis milhões de hectares. Transformou desertos em oásis luxuosos", diz o locutor e comentarista do filme. "O Bingtuan construiu uma agricultura moderna, uma indústria moderna. Faz nascerem da terra batida cidades inteiras. O Bingtuan unifica o Partido, o exército e as empresas. É comandado pelo governo central e pelo comitê partidário de Xinjiang [...]"

Para o Bingtuan, a agricultura intensiva e o comércio internacional parecem ser prolongamentos de uma guerra por outros meios. Aos olhos de um ocidental, o filme de apresentação do CPCX tem todas as características da apologia caricatural do produtivismo mais selvagem. É, no entanto, um vídeo interno com intenções sérias. Em 2011, a produção total do Bingtuan atingiu o valor de 96,88 bilhões de yuans, o equivalente a 13,2 bilhões de euros.

A narração prossegue: "Em 2011, o Bingtuan foi responsável pela mais importante produção e exportação de tomates da Ásia. Protegendo as fronteiras e desenvolvendo o território com muito sangue e fervor, ele é uma das mais gloriosas organizações humanas. Hoje, o Bingtuan se espalha pelo mundo, e o mundo se transforma no Bingtuan".

O filme termina com imagens de minas de urânio, de centrais nucleares, de colheita de tomates e de monumentos no estilo do realismo socialista.

As últimas imagens, aéreas, digitais, anunciam uma urbanização do espaço rural que se prolifera a toda velocidade, como num videogame de construção.

V

"Estamos em 1977, e a China apenas começa a reforma econômica e a abertura política. O governo abre concursos nacionais para universidades, e eu decido concorrer a uma das vagas. Entro para a faculdade de Belas-Artes da Universidade Normal de Xinjiang", relata o general Liu Yi. "Depois de meus estudos, viro professor de outra universidade, onde leciono por oito anos. Mas, em 1989, peço demissão para criar minha própria empresa. No início, eu só fazia negócios de fronteira, ou seja, comércio entre Xinjiang e o Cazaquistão ou a Rússia. É em 1994 que eu crio a Chalkis e, em 1996, passo a atuar na indústria do tomate. Em 2000, a Chalkis já é cotada na bolsa de valores. Decido, então, interromper todas as outras atividades da empresa – imóveis, fabricação de móveis, produção de ração, criação de porcos e vacas – para me dedicar só ao tomate."

"No começo, ao criar a Chalkis, tenho 30% do capital. A máquina pública do Bingtuan, seu cofre e as empresas que estão por trás ficam com os 70% restantes. Há, então, a 2ª, a 5ª e a 8ª Divisões da Agricultura. Quando a Chalkis abre o capital, eu vendo todas as minhas ações, e o Bingtuan passa a deter 100%. Era lógico que fosse assim, já que a terra era deles. E em 2010, para gerir melhor a empresa e simplificar a gestão, o Bingtuan cede todos os lotes à 6ª Divisão. Porque a maior parte dos campos pertencem a ela. Assim, fica mais fácil de administrar."

O "general" Liu nunca comandou uma unidade de combate, mas liderou uma empresa cujo capital pertencia ao Exército Popular de Libertação. Sob suas ordens, batalhões de operários chineses foram à guerra comercial do tomate.

"Quando comecei com o tomate", lembra-se Liu Yi, "ninguém do ramo, em escala mundial, conhecia a indústria chinesa. Na época, os países e regiões em destaque eram Itália, Sul da França, Espanha, Portugal, Califórnia e uma parte da Turquia e da Tunísia. A China estava longe de ser uma potência. Depois de fazer um estudo de mercado, apresentei uma proposta ao Bingtuan: transformar a China em uma base de produção importante no mundo. A Chalkis tinha uma vantagem importante, pois respondia à vontade do governo, ao qual cabia organizar a reforma industrial da agricultura. Antes, em Xinjiang, cultivava-se principalmente trigo e algodão. Mas, para essas culturas, há um problema de natureza agronômica: depois de dois anos de colheita é preciso plantar outra coisa. Então, ao procurar uma semente capaz de substituir o algodão e trazer benefícios econômicos, consideramos o tomate como melhor escolha. O Bingtuan tem um vasto território, lavouras em abundância e recursos. Conseguimos obter o apoio do governo e recebemos o dinheiro e as terras de que precisávamos. A administração local e os responsáveis pelo Bingtuan logo se mostraram favoráveis à indústria 'vermelha'".

"Nessa época, o Bingtuan decidiu que a Chalkis passaria a ser sua empresa principal, seu emissário. E foi assim que nos tornamos o líder mundial."

CAPÍTULO 5

I
ALBERESE, PARQUE NATURAL DE MAREMMA, TOSCANA, ITÁLIA

FRUTOS MADUROS DE um vermelho intenso cintilam numa plantação enfeitada por majestosas oliveiras. "Vamos colher amanhã", avisa o produtor. Volto-me para a paisagem a fim de contemplar por mais um instante o surpreendente esplendor que sua exploração biológica proporciona e mastigar um fruto carnudo, colhido por acaso, ainda recheado com o calor do dia.

"Olhe, um coelho!", exclama de repente uma das assessoras de imprensa do grupo Petti, empresa italiana ao pé do Monte Vesúvio, fundada em 1925, por Antonio Petti (1886-1955). Ao longo do século XX, a empresa abriu um grande mercado na África e no Oriente; virou líder mundial do tomate pelado em 1971 e, na virada dos anos 1980, o maior produtor de latas de concentrado do mundo; forneceu perto de 70% da demanda de extrato de tomates para a África no início dos anos 2000; e manteve, na Nigéria, uma usina de recondicionamento do concentrado chinês a partir de 2005. Hoje a empresa napolitana é um destacado gigante do ramo. Uma peça-chave do tabuleiro do ouro vermelho. E o segundo maior comprador de concentrado de tomate do mundo, atrás da Heinz.

"Petti: o tomate no centro", diz seu slogan, difundido diariamente na televisão italiana. O grupo dispõe de muitas fábricas no país, cujas atividades são bem distintas umas das outras. Sua usina histórica no

Sul, na região da Campânia, não transforma tomates: apenas recebe barris de concentrado, principalmente chinês, que operários e máquinas recondicionam em pequenas latas "produzidas na Itália". Na Nocera Superior, província de Salerno, a Petti controla a maior usina de acondicionamento de latinhas de conservas e tubos de extrato de tomates, mercadorias que o grupo exporta para o mundo inteiro.

É nessa região que trabalha o atual chefe do grupo, que leva o nome de seu avô, Antonio Petti. Preciso encontrá-lo. Mas não quero dar um passo em falso, que dificulte uma conversa crucial para esta pesquisa. E por saber que os industriais napolitanos são tradicionalmente discretos ao extremo sobre seus negócios, decidi fazer uma primeira tentativa de aproximação na Toscana, em Venturina. Aqui, a fábrica do grupo Petti transforma tomates industriais italianos: essa qualidade local é promovida incessantemente pela empresa em suas agressivas campanhas publicitárias. As conservas que saem da usina toscana estão no polo oposto da produção napolitana: só são processados tomates que sejam produzidos na Itália, parte deles orgânicos; o concentrado e os molhos que saem daqui vão prioritariamente para os mercados da Península.

Ao me deixar guiar pelos assessores de imprensa no Parque Natural de Maremma e, com isso, ganhar um tipo de passe livre, concluo que me encontro diante da vitrine ideal do grupo. O coelhinho que veio roubar os lindos tomates orgânicos foi a cereja do bolo, último retoque no delicioso cartão-postal do Jardim do Éden pelo qual me deixei seduzir voluntariamente. Em resposta a essa prova de boa vontade e desprendimento, eu não mereceria uma chance de encontrar Antonio Petti na Nocera Superior? Lá onde sem dúvida nenhum coelho viria brincar. Depois de ter provado do fruto proibido, a conversa séria poderia, em breve, começar.

II

VENTURINA TERME, TOSCANA

Como em todas as fábricas, somos logo assaltados pelo barulho ensurdecedor de máquinas distantes. Mas estar numa usina de processamento de tomates é, antes de tudo, absorver um odor característico, de uma quantidade fenomenal de frutos estufados pelo calor do verão. O perfume parece doce às primeiras emanações, mas pouco a pouco domina tudo, insidiosamente, a ponto de provocar apertos no peito e ânsias de vômito. Os produtores industriais gostam de comparar esse cheiro ao de uma cozinha onde você mesmo faz seu próprio molho... Se bem que, pelo jeito, seria mais o odor que teria sua cozinha se você deixasse cozinhar durante todo o verão, 24 horas por dia, milhares de toneladas de tomates: uma saturação repugnante.

Na fábrica, uma vez vestido com uma blusa branca e uma touca, sou escoltado por um dos diretores. São 22 horas. Durante a visita, aproximo-me das operárias que, de pé, fazem a triagem dos tomates numa esteira. Os frutos desfilam a toda velocidade. O trabalho dessas mulheres consiste em retirar da linha de produção os frutos verdes ou estragados, eventuais pedaços de madeira e, mais raramente, pequenos animais ou insetos que podem ter embarcado nos caminhões.

Os tomates que chegam aqui foram colhidos mecanicamente. A cada verão, nesta fábrica como em todas as outras no mundo da transformação de tomates, mulheres e homens trabalham à noite, o que permite à usina processar mais tomates, aumentar a capacidade instalada das máquinas e, assim, melhorar a competitividade da empresa e aumentar seus lucros.

Ao lado das operárias da triagem, percebo máquinas-ferramentas novíssimas: são os seletores óticos de tomates. Eu já tinha visto esse dispositivo, apresentado pelo seu construtor num salão profissional em Parma. Graças a células fotoelétricas, a engenhoca detecta tudo o que não se pareça com um tomate vermelho. Capaz de escanear uma torrente contínua de frutos – ou seja, muitas dezenas de tomates por segundo –, a máquina funciona com a ajuda de lâminas de precisão que decepam, numa ínfima fração de segundo, os corpos indesejáveis detectados enquanto avançam na linha de produção. Todo tomate não vermelho, todo corpo estranho é imediatamente eliminado ao som de um estalido seco.

"Essa tecnologia é formidável", me dissera o fabricante em Parma. "São máquinas que podem funcionar sem descanso, sem cometer o menor erro, 24 horas por dia. Seu principal trunfo é permitir que se reduzam os custos suprimindo postos de trabalho. Com essa máquina, não há cansaço, desatenção, nem férias ou folgas pagas. Com ela, a empresa pode lucrar mais com menos trabalhadores ainda."

"Na Itália, o custo do trabalho é sempre mais alto", grita agora em meu ouvido – para superar o ruído terrível que reina na fábrica – o responsável que me acompanha. "Essas máquinas são realmente eficazes. Claro, elas custam centenas de milhares de euros, mas a despesa é compensada em poucos anos."

Aqui, também, o processo de transformação de tomates começa por uma triagem e uma lavagem, depois das quais os frutos são descascados, descaroçados, moídos e aquecidos num processo de evaporação antes de serem reduzidos a molho ou concentrado, de acordo com a linha de produção. No correr desse ciclo, os tomates são pouco visíveis. A maior parte das operações se passa no interior de máquinas ou de encanamentos fumegantes. Só reencontramos o vermelho dos tomates na máquina de preenchimento das garrafas.

É um grande mecanismo que não para de girar sobre si mesmo, engolfando centenas de recipientes de vidro vazios e, durante a rotação, os enchendo de molho de tomates. Cheios, os frascos são lacrados e esterilizados. Eles desfilam sobre minha cabeça e ao meu redor.

No fim da linha, avisto outra máquina com tecnologia de ponta. Sua função é radiografar os frascos cheios: um a um, eles são analisados pelo equipamento, capaz de manipulá-los e retratá-los em frações de segundo. Se um frasco tem um defeito ou revela uma irregularidade, se contém um corpo estranho, como um caco de vidro ou uma pequena pedra, recebe imediatamente um golpe de guilhotina. Um alarme informa o operário responsável, que o retira da linha para analisá-lo e preparar um relatório.

III

Terminada a visita, encontro-me com Pasquale Petti,[22] o patrão, rico herdeiro do império familiar. Enquanto jantamos juntos num terraço reservado aos dirigentes da empresa, instalado na cobertura da fábrica, Pasquale Petti fala muito rápido e sem parar. O empresário está eufórico. Sentado à cabeceira da mesa, ele se lança em um monólogo no qual ataca violentamente os grandes distribuidores. "A gente se mata para produzir com qualidade um produto 100% toscano, e todos esses caras da grande distribuição só pensam no preço. Eles só querem saber de *te** arrancar cada centavo. Não ligam a mínima para os nossos esforços. Aqui, sou obrigado a produzir para eles, nas minhas linhas, as marcas de distribuidor deles, mas isso não me dá nenhuma autonomia. Eles tentam *te* estrangular com suas práticas. São capazes de *te* dar uma ordem de produção para grandes quantidades de molho antes mesmo de receber e pagar a encomenda anterior. É por isso que eu tento lutar pela marca Petti, para garantir uma produção em que a gente possa realizar margens melhores e ter mais orgulho daquilo que produzimos. Mas, francamente, quer saber o que a grande distribuição *te* demanda quando você é um produtor industrial? O que eu sou obrigado a produzir para ela?"

Surpreso com seu falatório e sua fúria, escuto Pasquale Petti e, automaticamente, entro no jogo.

– Sim, quero saber. O que a grande distribuição quer?

– O que eles querem é o produto mais barato possível, que se pareça com molho de tomate e que não mate as pessoas depois de comer. Vou *te* mostrar...

O empresário se levanta bruscamente e vai procurar uma lata de concentrado de tomate. Volta com um grande saladeiro, uma garrafa d'água e uma colher. Em torno da mesa, seus subordinados congelam, observando a cena sem dar um pio. Com a palavra, o chefe: "Agora vou *te* mostrar a diferença entre um molho de tomate digno do nome e um molho de tomate de merda que a grande distribuição vende com o nome de suas marcas de distribuidor, que eles *te* obrigam a produzir. *Olha* aqui... Você pega o concentrado, joga água e mistura. Mistura, mistura, mistura...".

---

* Na Itália, o tratamento informal (o uso do "tu" em vez do "vós", respectivamente "você" e "senhor") é muito mais frequente e imediato que na França.

Furioso, Pasquale Petti mescla freneticamente o concentrado de tomate com a água. O líquido vai ficando uniforme pouco a pouco. Depois de diluir e muito o extrato, ele obtém um composto regular, vermelho por igual. "Aí está, acabamos de obter um molho de marca de distribuidor! Agora, abro um molho Petti, com tomate 100% toscano. *Prova*. E me *diz* a diferença."

De fato, ele tem do que se orgulhar. Um dos molhos de tomate produzidos por Pasquale Petti na Toscana tem, realmente, o gosto e a textura de um molho de tomate.

IV

No dia seguinte, as duas assessoras de imprensa me anunciam que Pasquale Petti terá que cancelar a entrevista filmada que havíamos marcado. O empresário está ocupado demais "resolvendo problemas", eles justificam. O colega Xavier Deleu, que me acompanha para gravar a adaptação deste livro para um documentário de cinema, é proibido até de recolher imagens no espaço da empresa. Tudo é cancelado subitamente. O que pode ter acontecido? Terá sido a pequena performance de ontem à noite que forçou as duas assessoras de imprensa a interromper o trabalho? Ou talvez ele tenha realmente um problema na fábrica? Tento negociar, em vão, e acabo me rendendo à decisão.

– Pasquale quer gerenciar todos os problemas pessoalmente – explica uma das assessoras. Embora tenham se esforçado para me mostrar a empresa Petti no seu melhor dia, elas têm, agora, que nos fazer esperar numa sala de reunião com amostras de produtos.

Por que não podemos nem mesmo filmar os caminhões de tomates lá fora, para matar o tempo? O que diabos está acontecendo? Nenhuma explicação a mais nos é oferecida. Só me resta pedir para apertar a mão de Pasquale Petti e me despedir apropriadamente do personagem, aproveitando para trocar uma última palavra sobre seu pai, com quem eu adoraria me encontrar no Sul, na Campânia.

Pasquale Petti aparece vinte minutos depois, ainda mais nervoso que na véspera. Eu o cumprimento e lembro a ele de meu projeto: reconstruir a história da indústria do tomate, me encontrando pessoalmente com seus protagonistas, entre os quais seu pai. Para dar credibilidade a meu plano, cito os nomes de grandes produtores industriais e influentes comerciantes italianos com quem já estive.

– Como é? O que você está me dizendo?! – ele grita, surpreso. Fala extremamente alto, a poucos centímetros do meu rosto. – Quer escrever a história do tomate? Nós vamos escrever para você!

Ele se volta para uma assessora de imprensa:

– Você vai escrever a história do tomate para ele, ok? Nós vamos *te* fazer esse favor. Mas atenção: não vá misturar as coisas! Você está citando nomes de gente que trabalha com a China, entende? Essa gente da China, se tiver uma criança trabalhando numa lavoura, está pouco se lixando! Não tem nada a ver com o que eu faço aqui! Por que nós, aqui, nós fazemos molho de tomate da Toscana. Se você confunde com o que faz o meu pai, você vai arruinar minha imagem, entende?

Troco olhares com as assessoras: elas estão pálidas de horror. Agiram profissionalmente e tiveram grande dificuldade para cumprir suas tarefas, me levar ao coração do Jardim do Éden toscano onde crescem tomates italianos orgânicos... E seu cuidadoso trabalho de comunicação está sendo, de uma hora para outra, pulverizado, reduzido a nada pelo patrão em surto.

De repente, ele apanha uma lata de conserva para dar sequência a seu excêntrico teatro.

– Você vê essa lata? Vê? Meu pai, numa lata como essa, é capaz de enfiar três concentrados de três países diferentes. Ele compra montanhas de tomates chineses. Por isso você não pode, de jeito nenhum, confundir o que meu pai faz com o que eu faço! Nós vamos *te* escrever a história do tomate, pode ter certeza.

CAPÍTULO 6

I
PORTO DE SALERNO, CAMPÂNIA, ITÁLIA

SOBRE A CABEÇA pairam enormes "tijolos" coloridos suspensos por cabos. Ele caminha pelo cais. Leva, na mão direita, um mapa indicando a localização dos contêineres. Passa por um cargueiro atracado. Vira à direita. Agacha-se diante de um bloco metálico queimado pelo sol. De frente para as duas portas de um laranja desbotado, procura até achar o número gravado no chumbo do contêiner. Verifica uma última vez o mapa e se levanta. A trinta metros, um grande veículo porta-contêineres passa, soando uma sirene histérica.

Como indica seu uniforme, Emiliano Granato é um agente alfandegário italiano. Trabalha para o serviço antifraude do porto de Salerno. Com um gesto, certifica a carga e dá um passo atrás. Um empregado do Terminal de Contêineres de Salerno vai até as portas do contêiner, agita o alicate cortante, afasta os braços e se inclina. O bico da ferramenta morde o fecho com brutalidade. Uma pequena cápsula prateada é disparada e cai perto dos meus pés. O homem destranca a caixa com uma série de rangidos ásperos. Um cheiro de plástico e de madeira escapa do compartimento, que está lotado de barris de triplo concentrado da China.

Desde o nascimento do braço chinês da indústria de tomates, os portos de Nápoles e Salerno são destinos inevitáveis do produto. O Sul da Itália foi, por muito tempo, sua primeira parada. Salerno é um pequeno porto cujo tráfego é inferior ao de Nápoles. Apesar disso, chegam aqui, em média, um mínimo de dez contêineres de triplo concentrado chinês por dia, ou algo entre setenta e oitenta por semana, contendo até duzentas unidades. Em 2015, foram descarregadas no cais de Salerno cerca de noventa e oito mil toneladas do triplo concentrado da China.

– E em 2016? – pergunto ao aduaneiro. – O ritmo diminuiu?

– Não – ele responde. – Se a gente olhar ao acaso, o dia 15 de junho de 2016, por exemplo. Naquela data chegaram da China 350 toneladas de concentrado no porto de Salerno. No dia seguinte foram 487 toneladas e uma segunda leva de 505 toneladas. Em 22 de junho, 384 toneladas. Dia 23, 496. Dia 28, de novo 496 toneladas. No dia 29 de junho, duas cargas: uma de 387 toneladas, outra de 5.432, algo próximo de 3,9 milhões de euros de mercadoria. O ritmo é esse, até hoje.

Historicamente, desde o início do *boom* chinês nos anos 1990 e da entrada da China na Organização Mundial do Comércio (OMC) em 2001, quase todo o triplo concentrado asiático[23] que entrou na Europa pelo porto de Salerno foi importado por três produtores industriais napolitanos do tomate: AR Industrie Alimentari (AR de "Antonino Russo", seu fundador e administrador, hoje falecido), com base em Angri, entre Salerno e Nápoles; Antonio Petti fu Pasquale, da Nocera Inferior, poucos quilômetros a leste de Angri; e a empresa Giaguaro, de Sarno, localizada a norte da Nocera. Todas as três ficam ao pé do Monte Vesúvio, no interior das terras da região, e estão, convenientemente, a menos de quarenta quilômetros dos portos de Salerno e de Nápoles. Forneceram nas últimas décadas o essencial das pequenas latas de concentrado de tomate que abastecem a maioria dos supermercados europeus, bem como os pontos de venda de partes da África, do Oriente próximo ou do continente americano.

Mas o Sul da Itália não exporta apenas pequenas latas de concentrado. O Mezzogiorno, como também é chamada a região, ocupa uma posição de quase monopólio mundial nas exportações de tomates, sejam os frutos inteiros, pelados ou picados. Sobre 1,6 milhão de toneladas de conserva vendidas em 2015, a Itália deteve 77% das exportações mundiais (por um valor superior a um bilhão de dólares); a Espanha ficou com 10%; Estados Unidos, Grécia, Portugal e Holanda, juntos, com menos de 10%.[24]

II

"Parte do concentrado chinês que chega ao Sul da Itália será processado pelas fábricas de conserva napolitanas, para abastecer o mercado europeu", explica o aduaneiro de Salerno. "Mas outra parte importante desse concentrado não ficará na Europa. Ela é retrabalhada e, depois, exportada novamente a uma destinação final, que pode ser qualquer lugar nos outros continentes. O concentrado que entra na Europa para sair novamente mais tarde é importado segundo o regime alfandegário do 'aperfeiçoamento ativo'", complementa o fiscal.

A União Europeia propõe vários enquadramentos legais que permitem importar mercadorias. O mais habitual é o das importações ordinárias, que se refere a produtos destinados ao consumo em um dos países-membros. Essas importações são submetidas ao regime de direitos alfandegários ao passar pela fronteira exterior do bloco europeu. Para o tomate industrial, esses direitos chegam a 14,4 % do valor da mercadoria.

No entanto, existe outra maneira de importar concentrado de tomates na UE, que permite ao comprador dispensar os direitos alfandegários: é o caso de importar o concentrado "a título temporário", "em trânsito temporário" ou, ainda, em "aperfeiçoamento ativo". Em conformidade com a legislação alfandegária europeia, o "regime de aperfeiçoamento ativo" destina-se a favorecer a atividade econômica das empresas comunitárias que transformam ou alteram mercadorias de terceiros, destinadas principalmente à reexportação.

A lógica dessa legislação é simples: um produtor industrial da União Europeia – por exemplo, um fabricante de perfumes – que importa matérias-primas vindas da Ásia para a confecção de seus produtos está liberado dos direitos alfandegários sobre elas se exportar, para fora da

UE, mercadorias para as quais foram utilizadas. Se por um lado o sistema ajuda a indústria a se tornar mais competitiva, por outro ele fragiliza as eventuais empresas europeias que poderiam produzir as mesmas matérias-primas: seu concorrente asiático está livre para desafiá-las, sem barreira alfandegária, em seu próprio mercado.

Essa estratégia nada mais é que a aplicação prática de uma teoria econômica que está nos fundamentos do livre-comércio: a teoria das vantagens comparativas, um dos pilares do liberalismo, sobre o qual repousa a visão de mundo favorável à livre circulação de mercadorias. Essa teoria formula a hipótese segundo a qual, num contexto irrestrito de comércio de mercadorias, se cada país se especializa nas produções para as quais dispõe de boa produtividade, então o comércio internacional permitirá que se aumentem as "riquezas nacionais" desses mesmos países.

Trata-se, aí, da grande promessa da globalização, segundo a qual "todo mundo lucra com o livre mercado". Infelizmente, na indústria do tomate nem todo mundo lucra da mesma maneira.

Com o "aperfeiçoamento ativo" do triplo concentrado importado em tonéis, é hoje possível importar mercadorias para a União Europeia sem ter que pagar direitos alfandegários. Para que um bem seja considerado pela alfândega "em trânsito temporário", por outro lado, é obrigatório que, uma vez na União Europeia, esse bem, ao sair novamente, saia "transformado". É assim que grandes quantidades de concentrado chinês entram no espaço Schengen* pelos portos italianos da Campânia. Esse extrato chinês é transportado para as fábricas napolitanas, onde é reidratado e recondicionado, ou seja, posto em caixas com as cores da Itália. As caixas em seguida são reexportadas para fora da Europa.

Em 2015, segundo estatísticas oficiais da alfândega italiana, noventa mil toneladas de triplo concentrado estrangeiro foram importadas pelo país no regime de "aperfeiçoamento ativo". Esse volume foi retrabalhado

* O espaço Schengen compreende os países signatários do Tratado de Schengen, que regula a livre circulação de pessoas, bens e serviços na Europa. [N.E.]

no Sul da Itália e reexportado principalmente para a África e o Oriente Próximo. No mesmo ano, a Itália importou 107 mil toneladas de concentrado para fins de reexportação, mas desta vez por meio do regime alfandegário ordinário: é o concentrado estrangeiro que entrou na Itália e foi exportado para outros países da UE, como França e Alemanha.

Essa curiosa circulação de extrato de tomates chineses não submetido aos direitos aduaneiros no regime de "aperfeiçoamento ativo" (em que o "valor agregado" é feito, no melhor caso, diluindo-se o triplo concentrado estrangeiro em água e sal) para fazer uma mercadoria "produzida na Itália" é um negócio extremamente lucrativo. No rótulo do produto, a proveniência real do concentrado não é jamais indicada. Pior: o rótulo forja, frequentemente, uma origem italiana. "China" é um nome que nunca aparece nos dizeres, enquanto a palavra "Itália" é sempre impressa nas latas.

O motivo é simples: a legislação europeia não obriga que se mencione a verdadeira origem.

III
ROMA, ITÁLIA

Segundo o Coldiretti, o sindicato italiano de produtores agrícolas, uma vez que o concentrado chinês chega ao território da União Europeia pelo regime alfandegário do "aperfeiçoamento ativo", algumas empresas napolitanas de recondicionamento logo põem em marcha uma fraude bastante simples de praticar. Elas despistam o regime alfandegário em benefício próprio. De acordo com o sindicato, esses produtores industriais napolitanos têm o costume de enquadrar no "aperfeiçoamento ativo" o concentrado chinês. Uma parte das quantidades importadas a esse título é efetivamente reexportada, enquanto a outra fica em território da UE, onde circulará. Essa parcela, portanto, não é reexportada, o que constitui uma fraude típica.

Ainda segundo o Coldiretti, algumas fábricas de conserva napolitanas que se encontram nessa região e estão entre as maiores da Europa na produção de latas de concentrado de consumo atual declaram números falsos à alfândega. Não só com o objetivo de burlar a taxa de 14,4%, mas também para fraudar sua qualidade, ao transformar o concentrado chinês em concentrado italiano como num passe de mágica.

"Não há nada que se pareça mais com concentrado de tomate do que concentrado de tomate", ensina Lorenzo Bazzana, especialista em tomates industriais do Coldiretti, em seu escritório romano lotado de uma formidável coleção de latas de conservas. "Traga ao país um *triplo* concentrado de tomates de um lado e, do outro, envie para fora um belo *duplo* concentrado. Antes, você tinha um concentrado em grandes tonéis assépticos. Depois, você terá quantidades maiores ou menores de latas de conservas. Resumindo: primeiro, triplo concentrado. Depois, aquilo que as fábricas fingem ser um duplo concentrado..."

Lorenzo tem razão ao insistir nesse ponto: é bem comum no mercado mundial – que abraça tanto os mercados africanos quanto os hipermercados europeus – perceber que a indicação "duplo concentrado de tomate" é abusiva. Trata-se, na realidade, de um triplo concentrado de importação que foi diluído com água, não de tomates reduzidos nas usinas de processamento para fazer especificamente um duplo concentrado.

Os defensores das indústrias napolitanas que estão sob suspeita contestam com firmeza as denúncias do Coldiretti. Para muitos agentes italianos do setor, trata-se de uma polêmica vazia e inútil: segundo eles, as alfândegas do Sul da Itália fazem seu trabalho corretamente e controlam de forma escrupulosa as quantidades de concentrado que entram e saem. Zelam, eles dizem, para que as quantidades sejam equivalentes, seja qual for o grau de diluição. E garantem que, se necessário, sejam pagos os impostos devidos por uma fábrica de conservas que não tenha exportado o volume de concentrado chinês que trouxe sob regime de "aperfeiçoamento ativo".

Lorenzo Bazzana discorda. "Na Europa, os controles alfandegários são insuficientes. Raros são os contêineres efetivamente abertos. Em princípio, antes e acima de tudo, o que é verificado de fato são os documentos declaratórios."

"Quanto a essa história de 'aperfeiçoamento ativo'", complementa o sindicalista, "a culpa é da legislação europeia, que considera acrescentar um pouco de água e sal a um triplo concentrado chinês a mesma coisa que transformar um produto. Quem eles pensam que estão enganando? Meu sindicato não concorda com essa definição. Consideramos que os significados das expressões 'transformação' e 'duplo concentrado' merecem ser postos em debate. Para nós, um duplo concentrado é um duplo concentrado, e não um triplo concentrado diluído em água!"

Nos últimos anos, o Coldiretti tem organizado manifestações contra o tomate chinês, com bons resultados. Conseguiu, por exemplo, que não seja mais possível comercializar na Península uma *passata di pomodoro** que não seja produzida a partir de tomates cultivados na Itália. Da mesma forma, em respeito a um decreto do Ministério da Agricultura italiano, esse purê deve obrigatoriamente indicar a origem dos tomates com os quais é feito. Mas essa legislação, por enquanto, só é aplicada na Itália. Não existe regulamentação similar em outros países-membros, nem nos que estão fora do bloco, onde continua sendo possível comercializar, nas cores da Itália ou da Provença francesa, molhos de tomate e outros derivados produzidos a partir do concentrado chinês.

Esse desequilíbrio entre as normas permite a certos industriais italianos continuar a produzir legalmente purês de tomate à base de concentrados estrangeiros e explorar a imagem de marca da Itália. É possível encontrar hoje, comercializados em todos os supermercados europeus, molhos ou extratos italianos que podem não conter nenhum tomate com essa origem. Produtos que eles não têm direito de vender em seus próprios países.

"Um segundo problema", segue Lorenzo Bazzana, "é que se hoje, na Itália, um porto de comércio aumenta seu controle, ele se torna menos interessante como rota para certos atores econômicos... Pois uma competição se instaura entre os portos pela conquista de maior tráfego e volume.

---

* Espécie de purê de tomates, ou molho, sendo que este último costuma ser menos denso que a *passata italiana.*

Os portos ou postos em que o controle é menos frequente ou intenso passam a ter a preferência dos produtores industriais. O porto que reforça seu controle se torna menos 'competitivo'. Os fluxos de mercadorias são transferidos, então, para outros portos, mais complacentes..."

Pela classificação de 2016 da ONG Transparency International [Transparência internacional], a Itália é o segundo país mais corrupto da Europa, atrás da Bulgária e à frente da Romênia.

IV
PORTO DE SALERNO, CAMPÂNIA

"Nós realizamos apenas controles sanitários do concentrado chinês", me diz o agente alfandegário antifraude do porto de Salerno, Emiliano Granato. "O concentrado de tomate não é uma mercadoria que consideremos de risco. Em resumo, não é muito controlado."

Por "controle sanitário", é preciso entender que a alfândega italiana exige que o concentrado seja "próprio ao consumo humano". O fiscal esclarece, porém, que "caso o produto esteja fora dos padrões de higiene, isso não quer dizer que ele vá ser destruído. Como regra geral, nós o enviamos de volta à China".

Recapitulando: se for inadequada do ponto de vista de higiene, a mercadoria não é destruída, mas reenviada ao exportador, que poderá, eventualmente, exportá-la de novo para outro destino, outro porto global, menos atento aos padrões. Um porto africano, por exemplo.

A prática, infelizmente, não é exceção. Os protagonistas do tomate industrial têm a revoltante tendência, como outros setores da economia mundial, de ver a África como a grande lixeira. Pois o continente não absorve só os produtos rejeitados pela alfândega italiana. Segundo Sophie Colvine, secretária-geral do Conselho Mundial do Tomate Industrial (WPTC), que reúne a cadeia mundial, "quando certos personagens do ramo têm estoques muito volumosos de concentrado e estes começam a envelhecer, produtores industriais pouco escrupulosos os escoam para a África".

Se alguns processadores industriais podem ter estoques muito grandes é porque o fluxo de circulação dos barris de concentrado de tomates, como qualquer matéria-prima, evolui em função das necessidades de mercado e da oferta do produto. O ouro vermelho não é cotado no Chicago Board of Trade, a bolsa mundial da agricultura. O negócio é feito no balcão, caso a caso. O preço do barril pode variar do simples ao dobro, segundo a qualidade. Quanto mais velho for um barril de concentrado, mais seu negociante tem o interesse de se livrar dele e, portanto, menor é seu preço.

O mercado é globalizado, mas as normas sanitárias são diferentes em cada país, e os produtores chineses têm a má reputação de mentir ou, pelo menos, de nunca declararem as quantidades exatas do concentrado que processam e guardam. A especulação mundial dispara, gerando muitas vezes estoques excedentes. Instaura-se, assim, um ciclo vicioso. O concentrado em excesso envelhece e é cedido a baixo custo. Os negociantes criam o hábito de comprá-lo para pagar o menor preço possível e desenvolvem atalhos, como combinar preços idênticos para esses excedentes. Um verdadeiro mercado do "velho" se estrutura, e sua principal destinação é a África.

Quando, vez ou outra, uma operação de fiscalização é mais minuciosa, flagrando itens impróprios ao consumo, velhos ou com datas de vencimento expiradas, a imprensa africana divulga os comunicados das alfândegas relatando as apreensões de extrato podre. Em 21 de setembro de 2014, a alfândega argelina confiscou, no porto de Alger, quarenta contêineres cheios de concentrado chinês vencido.[25] Naquele ano, a Argélia importava mais de 20 milhões de dólares de extrato chinês.[26] Em 16 de março de 2016, 30 mil latas de tomates em conserva impróprios ao consumo foram embargadas na Tunísia,[27] um dos países do mundo onde se consome mais extrato por habitante. Mesmo sendo produtora de tomates industriais, a Tunísia importou mais de dois milhões de dólares de frutos processados em 2014.[28] Em 24 de abril de 2015, a guarda nacional tunisiana apreendeu na região de Allouche 400 toneladas de conservas vencidas, produzidas, por sua vez, a partir de um concentrado já avariado.[29] Em 25 de novembro de 2013, mais de um milhão de latas vencidas aguardavam para serem destruídas em Nabeul, também na Tunísia.[30] Em 2011, as autoridades sanitárias da Nigéria fecharam uma usina cuja base ficava em Ikeja, no estado de Lagos, após descobrirem 2,9 mil barris de concentrado de tomate estragado: a usina expressamente recondicionava essa mercadoria para comercializá-la.[31] No mesmo ano, a Nigéria importou 91,4 milhões de dólares de concentrado chinês.[32] Em 2008, ainda no mesmo país, uma fábrica ilegal de conservas de concentrado que produzia latas a partir de barris de importação foi desmantelada, e os dois traficantes no comando da fábrica, presos.[33] O concentrado podre, com número de registro e data de vencimento falsos, segundo uma unidade especial de luta contra a falsificação no país, era perigoso para a saúde e poderia levar à morte se consumido.

O tráfico de concentrado impróprio ao consumo humano se estende além da África. Em fevereiro de 2011, milhares de toneladas de concentrado estragado foram flagradas em Bishkek, no Quirguistão.[34] Os 16 vagões de mercadorias continham produto chinês. Vencido havia dois anos, esse lote foi comprado inicialmente por um distribuidor dos Emirados Árabes Unidos, que, em seguida, o revendeu a um intermediário quirguiz.

No mercado mundial, um lote de concentrado fora das normas sanitárias em vigor num país pode sempre ser aproveitado em outros pontos, enviado para um país mais acolhedor, onde a regulamentação é mais leve ou mais fácil de ser contornada, pela ausência de fiscalização rigorosa ou por intermédio da corrupção.

Depois de vendidos, os lotes podres serão "retrabalhados" em usina a custos mais baixos antes de serem escoados. Todos os profissionais do ramo são unânimes em relação à África: o mercado é orientado pelo preço, a qualidade simplesmente não é um critério. O concentrado mais barato é o mais procurado e, cedo ou tarde, um lote de péssima qualidade encontrará seu comprador. É essencialmente na África que circula aquilo que se chama no setor de *black ink*: a "tinta preta", a pior qualidade possível, mas, acima de tudo, a massa menos cara do mundo. Um concentrado tão velho, tão oxidado e tão podre que perdeu sua cor vermelha. Ele é, como o seu nome indica, de cor preta. Para repassar os tonéis de "tinta preta", alguns escolhem às vezes misturar o concentrado podre a lotes mais coloridos, de melhor qualidade, mas essa prática é rara.

O método popular é o de misturá-lo com ingredientes menos caros que o concentrado, como amido ou fibra de soja, e acrescentar, em seguida, corantes vermelhos para lhes dar uma aparência de frescor...

V

Na Itália, a criminalidade do setor agroalimentar tomou uma amplitude tal que as instituições da Península usam um neologismo para defini-la: *agromáfia*. Com a saturação das atividades "tradicionais" das máfias, e sob o efeito da redução do ritmo da atividade econômica causada pela crise de 2008, os negócios da agromáfia se multiplicaram nos últimos dez anos. A Direção Nacional Antimáfia calcula que o volume de negócios das atividades mafiosas na agricultura italiana foi de 12,5 bilhões de euros no ano de 2011, ou seja, 5,6% do produto anual da criminalidade na Itália. Em 2014, o número passou para 15,4 bilhões de euros.[35] No mesmo ano, a título de comparação, o grupo Danone faturou 21,14 bilhões de euros.

Os chefões estão presentes em todos os braços do *agrobusiness* italiano. Da *mozzarella* aos frios e embutidos, nenhum produto tipicamente italiano escapa da influência dos clãs. A fluidez da circulação de mercadorias próprias à globalização, o prestígio do qual gozam os produtos "*Made in Italy*", as mutações estruturais próprias ao *agro*, tudo isso contribuiu muito para a expansão da máfia alimentícia. Da Comissão Parlamentar Antimáfia aos sindicatos italianos, todos sublinham e se inquietam com a influência crescente do crime organizado na indústria agroalimentar.

A lógica é simples. Os capitais acumulados resultantes de atividades criminosas nos territórios controlados pela Camorra (Campânia), Cosa Nostra (Sicília), 'Ndrangheta (Calábria) ou Sacra Corona Unita (Puglia) precisam de um espaço na economia "legal", a fim de circular, alcançar novos territórios e gerar novos lucros. O que haveria de mais banal para reciclar dinheiro sujo que belas garrafas de azeite ou graciosas latinhas de conserva de tomate "*Made in Italy*"? Os dois produtos, tão emblemáticos, acabaram se tornando os preferidos do crime organizado.

Uma vez que os investimentos são realizados e a empresa agromafiosa se vê em situação operacional, ela se conecta à economia "legal" e passa a ser um ator como qualquer outro, entre seus pares do mercado. Seus produtos passam a utilizar os canais globais. A empresa agromafiosa se desenvolve e investe como uma empresa normal. Às vezes até compra marcas de prestígio. Alia-se a outras sociedades, nas quais pode contar com agentes econômicos coniventes. Por exemplo, pizzarias com aparência banal para seus clientes, mas que são, na realidade, outras sociedades controladas pela mesma organização criminosa ou ligadas a ela. Qualquer que seja o preço praticado, fornecerão entre si molho de tomate, azeite, farinha ou *mozzarella* no circuito agromafioso.

Em suma: da pizzaria à lanchonete, das prateleiras da grande distribuição às bancas de rua das feiras africanas, os produtos mafiosos chegam aos pratos dos consumidores do mundo inteiro. Segundo relatório do Coldiretti, em colaboração com o *think tank* Eurispes, cinco mil restaurantes italianos seriam ligados ao crime organizado.

Faz muito tempo que as máfias não se contentam com o tráfico de drogas, a extorsão ou a agiotagem. O empresariado criminal italiano domina hoje circuitos globalizados do *agro*, produz mercadorias e abastece o mercado mundial. Os riscos corridos pelos criminosos dentro do setor agroalimentar são bem menores do que em outros tipos de tráfico, como o de entorpecentes. Para o crime organizado, uma rotulagem falsa de conservas de tomate ou de garrafas de azeite pode render tanto quanto o tráfico de cocaína. Mas, se a rede criminosa for flagrada, as penas serão mais leves.

Resultado: quando os juízes italianos antimáfia confiscam bens dos clãs, 23% estão em terras agrícolas. Sobre um total de 12.181 bens imobiliários apreendidos das máfias em 2013, a Coldiretti mostra que 2.919 foram em lavouras. Num contexto econômico em que gêneros vendidos por altos preços nos supermercados não são lucrativos a seus produtores, que ganham cada vez menos dinheiro nas colheitas enquanto os intermediários ganham cada vez mais, basta aos membros das máfias controlar setores-chave de um ramo, como transformação e acondicionamento, para lavar altos volumes de capital numa cadência industrial.

A grande distribuição busca preços baixos? Não há com o que se preocupar! Os clãs, disfarçados por trás de empresas bem integradas ao setor e atentas aos códigos da indústria, podem garantir esses descontos, e serão preços imbatíveis! Ao crime organizado basta subavaliar ligeiramente o preço de custo de um produto para lavar, com (muita) vantagem, o dinheiro sujo; e todos os métodos são a ele permitidos para chegar ao preço ideal e repassar grandes volumes ao comprador – por exemplo, explorar mão de obra ilegal ou falsificar o produto. Os mercados serão conquistados, e o agente mafioso poderá fazer funcionar suas fábricas e gerar atividade econômica.

Ao controlar os elos estratégicos da produção, vendendo mercadorias a preços radicalmente baixos, e ao burlar os direitos trabalhistas, a fiscalização, a rotulagem e os registros de origem, os clãs conseguem faturar milhões de euros a mais e permitir que marcas da grande distribuição ofereçam preços inigualáveis.

Em 2014, os órgãos de controle financeiro italianos flagraram 14 mil toneladas de produtos alimentares que provinham de uma fraude comercial.[36] No ano seguinte, a polícia alfandegária e financeira fechou mais de mil estruturas que operavam no setor agroalimentar italiano.

Qual é a mercadoria do Sul da Itália mais conhecida no mundo? Qual é o produto capaz de alcançar todos os continentes do planeta e que já circulava maciçamente entre a Itália e os Estados Unidos no fim do século XIX? Qual é esse item dos cenários típicos de quase todos os filmes sobre a máfia italiana?

VI

Resposta: a conserva de tomates. A Itália exporta 60% de sua produção de tomates industriais. Em 2016, o país produziu mais de cinco milhões de toneladas do fruto para uso industrial; dentre elas,

44% foram transformadas em tomates triturados, e 21%, em tomates pelados,[37] uma produção típica do Sul do país. Apenas 10% dos tomates italianos foram transformados em concentrado, essencialmente no Norte do país, também especializado na produção de purês e molhos.

No Sul, as atividades se dividem entre "transformação" do concentrado importado, principalmente chinês, e confecção de conservas a partir de tomates colhidos localmente – as célebres latas de tomate pelado ou triturado. O Sul desenvolveu uma dupla atividade: as conservas de tomates pelados inteiros e a transformação do concentrado, cuja existência tem um motivo histórico. Como a primeira transformação sempre gera dejetos deixados pelos tomates avariados, os produtores industriais pouco escrupulosos decidiram converter essa matéria, assim como todos os excedentes, em massa de tomate de qualidade muito medíocre.[38] Se hoje os restos de tomate são excluídos e não entram normalmente na fabricação de um concentrado, eles já permitiram às sociedades italianas, no passado, produzir uma pasta de baixíssima qualidade destinada aos países mais pobres.

Hoje, muitas fábricas napolitanas que enlatam tomates pelados italianos durante a colheita, no verão, encontram uma atividade útil para o resto do ano: exportar, no inverno, pequenas latas "produzidas na Itália". A Campânia é o centro industrial de "transformação" de concentrado estrangeiro.

VII

Falecido em 2014 aos 83 anos, Antonino Russo, apelidado de "rei do tomate", fincou a pedra inaugural de seu império em 1962 ao criar a La Gotica, empresa de transformação de tomates. Esse napolitano, cuja carreira é manchada por uma citação no relatório da Comissão Parlamentar Antimáfia de 1995[39] – e mais tarde por uma condenação em 2013 por tráfico de falso concentrado italiano (um autêntico concentrado 100% chinês!) –, adquiriu e criou, durante os anos 1970 e 1980, múltiplas empresas no setor dos tomates industriais e, mais amplamente, no de conservas de frutas e legumes.

Na alvorada dos anos 2000, Antonino Russo as reuniu num grande grupo industrial: AR Industrie Alimentari. O gigante do ouro vermelho faturou, oficialmente, 300 milhões de euros controlando 20% da produção italiana de conservas de tomates.

A cidade de Foggia, na região da Puglia, é a capital mundial do tomate pelado. Um dos seus ex-prefeitos, ao ser ouvido pela Comissão Parlamentar Antimáfia, afirmou ter assistido, em agosto de 1993, a uma reunião da qual participavam produtores de tomates, negociantes e o próprio Antonino Russo, representando 40 produtores industriais do Sul do país. Na época, os produtores estavam submetidos ao que a Comissão Antimáfia chamava de "extorsão do tomate": como outros agentes econômicos da Puglia, eles eram obrigados a pagar propina e sofriam regularmente ameaças, intimidações e ataques violentos.

Durante a reunião de agosto de 1993, Russo pediu aos produtores que o peso dos tomates transportados por cada caminhão baixasse em 20%, que passasse de 264 a 220 quintais [unidade de medida de colheitas] e que a tara das balanças fosse superestimada. Sua proposta desencadeou protestos entre os produtores. O porta-voz desse grupo expressou seu desacordo durante a reunião. No dia seguinte ele foi ameaçado, e seu primo, que tinha o mesmo nome, foi ferido.

Para a Comissão Parlamentar Antimáfia, a extorsão centenária praticada pelo crime organizado sobre os produtores de tomate, após uma longa série de ataques violentos nos anos 1980, havia subitamente desaparecido, substituída por uma miraculosa "paz mafiosa" a partir dos anos 1994.

Por que Antonino Russo tinha pedido aos produtores para encarecer artificialmente o custo de transportes de "seus" tomates, que ele comprava para suas fábricas? O rei tinha seus motivos.

Elo estratégico da cadeia de produção, o transporte de tomates do campo às fábricas do Sul da Itália é, de longa data, um setor de atividade controlado pelo crime organizado.[40] Em junho de 2016, em Foggia, a polícia prendeu Roberto Sinesi,[41] junto com outras cinco pessoas, por extorsão e tentativa de extorsão de caminhoneiros que abasteciam de tomates a maior fábrica de conserva do produto na Europa: a Princes de Foggia.

Fundada por Antonio Russo, a usina, que pertenceu à AR Industrie Alimentari, foi revendida à Mitsubishi Corporation em 2012. Suspeitava-se que o grupo de Roberto Sinesi estava em ação desde 1990.[42] Um mês depois de sua prisão, em julho de 2016, o chefão foi solto sob alegação de "vício processual".[43] Mas em setembro de 2016, pego numa emboscada por matadores quando estava dirigindo em companhia de crianças, ele levou 20 tiros. Uma das balas alojou-se a milímetros do coração. Gravemente ferido, operado e, por fim, salvo milagrosamente, Roberto Sinesi foi novamente preso dias depois pela Antimáfia, sempre pelo mesmo motivo: extorsão ligada ao "esquema do tomate".

Ele não foi julgado até hoje.

VIII

Antes de deixar o negócio, ao ceder 51% das ações de sua empresa à britânica Princes, controlada pela Mitsubishi, e de deixar os 49% restantes a seu sucessor, Antonino Russo foi condenado a quatro meses de prisão em 2013 por tráfico de falso concentrado italiano.[44] À época, empresa do rei do tomate atuava como fornecedora para as maiores marcas europeias, incluindo o Carrefour e a cadeia britânica de atacado Asda, do gigante Walmart.

"57.696 latas de duzentos gramas de duplo concentrado, da marca Carrefour, com dizeres em língua francesa e holandesa, trazendo o logo Carrefour em cor azul sobre fundo branco, assim como as palavras 'Fabricado na Itália por AR SPA'", descreve o documento de apreensão do procurador Roberto Lenza.[45] Ou seja, latas contendo concentrado chinês, comercializadas em toda a Europa, mas que se declaravam "produzidas na Itália".

No decorrer do processo, Antonino Russo não negou ter utilizado concentrado chinês para encher suas pequenas latas vermelhas. Ao contrário, ele afirmou em juízo que sua atividade era perfeitamente legal na

Europa: "Eu mesmo fui à China várias vezes e posso assegurar a vocês que o tomate chinês é tão bom quanto o italiano", disse na audiência.

"Nós expedimos 90% de nossa produção chinesa ao estrangeiro, e não vendemos esse concentrado na Itália",[46] explicou à corte. Durante o processo, as grifes europeias de grande distribuição que se abasteciam da produção do empresário napolitano não se inquietaram. Elas não poderiam ser acusadas de nenhum delito. Para o procurador Roberto Lenza, "a culpa é da legislação europeia, negligente demais".

"Os produtos italianos são muito apreciados no estrangeiro. Mas para que os rótulos tenham um sentido", argumenta, "é preciso ainda que as normas europeias de rotulagem sejam muito, muito mais severas".

IX

"Enlatado na Itália": é possível ler essa frase hoje, em sete idiomas, nas latas de concentrado da marca Giaguaro, cuja usina fica em Sarno, a 40 quilômetros de Nápoles. As latinhas da gigante Giaguaro são comercializadas na maior parte dos supermercados europeus. De Londres a Madri, passando por Paris e Berlim, é possível encontrar, por poucas dezenas de centavos de euro, essas pequenas embalagens em verde, branco e vermelho, as cores da Itália, com um conteúdo que, asseguram, é italiano. Após a condenação de Antonino Russo, foi na direção de Giaguaro, o "Jaguar", que se voltaram as marcas da grande distribuição, a fim de encomendar concentrados em conserva que não indicassem a origem dos tomates. Em 2005, a Guardia di Finanza, polícia alfandegária, descobriu um depósito de tomates em conserva da Giaguaro ao apreender dois caminhões carregados com 12 toneladas de triplo concentrado suspeito,[47] na estrada entre Montalto di Castro (Lácio) e Sarno (Campânia), sede legal da empresa. Percorrendo o depósito de Montalto, acharam um milhão de latas de conserva de quinhentos gramas cada, ou seja, 500 toneladas de produto. Essas latas não tinham nem rótulo nem data de validade.

Na parte de fora do depósito havia 1.500 barris de concentrado de tomate de 220 quilos, ou seja, mais de 310 toneladas de mercadoria.

Vermes e larvas estufavam a mistura vermelha. Análises encomendadas pelo procurador Civitavecchia provaram que a massa podre era imprópria ao consumo e danosa à saúde. Segundo os investigadores, o produto era chinês.[48] A Giaguaro reagiu alegando que eram estoques velhos destinados à destruição.[49]

Um mês depois, a mesma Guardia di Finanza fez uma segunda operação, desta vez em Sarno: 2.460 barris de concentrado pertencentes à Giaguaro. Depois, em 2007, no porto de Salerno, os *carabinieri* apreenderam dois contêineres suspeitos, cuja mercadoria tinha como destino a empresa[50]: vindos da Romênia, eles continham 45 toneladas de concentrado chinês. Os contêineres foram embargados pelos *carabinieri* porque continham "resíduos alimentares" não declarados. Por que a Giaguaro pôs em circulação restos e rejeitos de tomate de concentrado chinês, numa rota que passou pela Romênia antes de chegar a suas usinas italianas? O mistério continua sem solução.

Em 2008, o nome "Giaguaro" foi mais uma vez citado numa investigação judicial. Na ocasião, os policiais italianos estavam atrás das práticas de um certo laboratório de análises credenciado, o Ecoscreening, situado em Sant'Egidio del Monte Albino, na província de Salerno.[51] O "laboratório" era especializado no estudo de resíduos. Ali, os investigadores descobriram e revelaram os métodos nada científicos do Ecoscreening: ele distribuía falsos certificados a várias empresas, a fim de lhes permitir enterrar rejeitos industriais tóxicos. Para tanto, as análises eram manipuladas e os resíduos submetidos a elas se tornavam legalmente admissíveis para serem dispensados como "adubos". Lamas tóxicas do tratamento de esgotos, rejeitos líquidos industriais contaminados, conteúdos de fossas sépticas...[52] O laboratório da província de Salerno podia fornecer análises falsas para todos os gostos.

Foi depois de grampear as comunicações do laboratório que os investigadores descobriram que Giaguaro era um de seus clientes e que certificava, com análises viciadas, tanto concentrados chineses quanto conservas "*Made in Italy*". Nos relatórios de escuta, em 21 de agosto de 2007, às 12h34, em plena campanha de colheita de tomates, "Luisa", da Giaguaro, telefona a um empregado do "laboratório" para ditar os dados que devem constar em determinados certificados de análise.

O primeiro diz respeito a tomates italianos, aqueles que a Giaguaro enlata e para os quais "Luisa" pede uma análise indicando que não contêm metais pesados. A segunda análise é de conservas de concentrado chinês[53]: "Faça-me toda a análise das amostras, com pesticidas e todos os parâmetros. Em um, ou dois, quero uma análise que seja verdadeira". "Ok, sem problemas", responde o interlocutor.[54]

Tomates italianos vindos de campos contaminados, tomates chineses impróprios para o consumo humano: o laboratório corrupto tinha condições de certificar estoques inteiros de mercadorias com documentos falsos.

A Giaguaro afirma não ter sido condenada nesse processo. Tais episódios não barraram o crescimento da empresa, que comprou em 2015 uma velha marca napolitana: a Vitale. Hoje, a companhia ostenta sua presença em mais de 60 países, participa dos maiores salões internacionais da agroindústria e fornece conservas a vários gigantes da grande distribuição europeia.

X

A crônica judiciária dos grandes casos industriais do tomate teve mais um capítulo em 29 de outubro de 2010 em Salerno, Campânia, com uma batida policial dos *carabinieri*. Na ocasião, eles bloquearam 18 contêineres prestes a serem enviados aos Estados Unidos: o carregamento continha 300 mil conservas de falsos tomates pelados "San Marzano",[55] uma "apelação de origem controlada". Na operação que se seguiu na fábrica onde foi organizada a rotulagem – as conservas, da marca Antonio Amato, continham na realidade tomates pelados comuns –, os investigadores acharam milhares de rótulos falsos e faturas que correspondiam à mercadoria nos 18 compartimentos, imediatamente apreendidos: o montante da fraude chegava a quatrocentos mil euros. A operação levou à autuação de Walter Russo, filho do "rei do tomate", e de Antonino Amato, ex-dirigente da empresa, condenado por falsa rotulagem a um ano e quatro meses de prisão.

Mais recentemente, em fevereiro de 2016, foi a vez da filha de Antonino Russo, Rossella Russo – conhecida pelo codinome "Debora" –, ser condenada a oito meses de reclusão por fraude comercial como representante legal da sociedade Sanpaolina,[56] empresa acusada também de ter usado a designação "San Marzano" em tomates que não tinham essa origem. "Minha cliente sempre trabalhou pela defesa da excelência do território", pleiteou seu advogado.

Como os grandes distribuidores europeus de hoje poderiam ignorar a reputação nada ortodoxa de tantos produtores industriais napolitanos cujos tomates processados eles comercializam? Suas práticas, muitas vezes antiquíssimas, são bem conhecidas e documentadas pelas autoridades judiciárias italianas. Muitos grandes casos foram julgados. Esses produtores enchem de concentrados de tomates não italianos latas de conserva trazendo suas marcas e exibindo as cores da Itália.

No setor, importar massa de concentrado não italiano em grandes tonéis azuis, para reidratá-la e depois acondicioná-la ao pé do Vesúvio em pequenas latas de conservas, transformou-se numa prática banal. É assim que os produtores industriais não italianos fornecem hoje em dia quase todos os extratos de tomates a preços populares no seio da União Europeia. Essas latas de conserva baratas não indicam, na maior parte das vezes, nenhuma origem. Não se trata de uma omissão, mas sim de uma quase garantia de que esse produto é um concentrado de importação.

Extratos de tomate de melhor qualidade não têm qualquer necessidade de esconder sua origem. Assim, no mercado mundial, as variações de preço entre os concentrados de boa ou de péssima fama podem chegar, facilmente, a 100%: de 450 a 900 euros por tonelada.

O tomate é, provavelmente, o único alimento/condimento
verdadeiramente universal, para todas as épocas,
todos os climas, todos os países.
Federação Nacional Fascista das Conservas Alimentares,
Congresso Nacional da Indústria Italiana dos Derivados de Tomate,
Parma,18 e 19 de maio, 1933.

CAPÍTULO 7

I

DEPOIS DAS EXPERIÊNCIAS de Nicolas Appert realizadas a partir de 1794, a primeira usina de conservas no mundo foi instalada em Massy, França, em 1802. Quatro anos depois – quando o inventor da conserva[57] já vende seus produtos a milionários da Baviera e da Rússia que adoram degustar, no inverno, os quitutes da primavera e do verão –, Appert exibe suas conservas em vidro na quarta Exposição de Produtos da Indústria Francesa.[58] Alguns anos mais tarde, o inglês Peter Durand moderniza a invenção ao utilizar caixas de folhas de flandres – uma chapa de aço coberta de estanho – que substitui o bocal de vidro, cujo principal defeito é se quebrar facilmente quando transportado. Em 1819, Durand abre em Nova York a primeira fábrica de conservas norte-americana. No ano seguinte, a lata de conservas é reconhecida como artigo de comércio na França e na Inglaterra, depois nos Estados Unidos, a partir de 1822. O recipiente metálico passa a ser, em seguida, utilizado na Bretanha para a indústria de sardinha ao óleo,[59] cujas usinas se multiplicam. Ali são empregadas mulheres e filhos de pescadores menores de idade por salários miseráveis; as terríveis condições de trabalho estão na origem das greves constantes.

Inicialmente destinada aos marinheiros, a conserva, nova mercadoria, acaba sendo exportada rapidamente para o mundo inteiro. Na alvorada dos anos 1860, a França ocupa o lugar de maior exportador mundial de sardinhas em conserva. Um tratado de livre-comércio com a Inglaterra abre as portas dos impérios coloniais à produção. É por volta dessa época, em 1856, que Francesco Cirio, com apenas 20 anos de idade, inaugura em Turim a primeira fábrica de conservas industriais da Itália. Na Exposição Universal de Paris, em 1867, Cirio causa furor, exportando suas conservas de tomates, àquela altura, para o mundo inteiro, de Liverpool a Sidney. Em 2 de julho de 1871, Vítor Emanuel II entra em Roma – a Itália é quase totalmente unificada. Cirio instala várias fábricas de conservas no Sul do país, onde organiza e estrutura a atividade agrícola em vastas extensões da zona rural. E é com essas usinas que se inicia a tímida industrialização do Sul da Itália.

A conserva de "tomates pelados", um dos produtos iniciais da marca Cirio, se transforma num símbolo comercial da Itália. Poucos anos antes, a guerra civil americana (1861-1865) provocou uma aceleração brusca das exportações de conservas europeias para a América do Norte. Apesar de, na época, ser um produto muito caro e de distribuição inicialmente restrita aos oficiais envolvidos no conflito, era muito consumido: é assim que as latas de folha de flandres vazias se espalham rapidamente pelas imediações dos quartéis-generais do Exército e da Marinha. Entre as conservas alimentares utilizadas pelo comissariado estão as sardinhas bretãs e as sopas de legumes à base de tomate. A Guerra de Secessão, por vezes considerada como o primeiro conflito moderno da história, difunde o uso dos enlatados.

A conserva metálica marca o início do desenvolvimento acelerado da indústria de alimentos na América do Norte e estimula a produção na Europa. Enquanto o crescimento industrial dos Estados Unidos é multiplicado por seis entre 1859 e 1899, sua nova indústria alimentar vivencia um salto de 1.500%. Os conflitos armados que vão se suceder ao longo do século XX consagrarão em definitivo os novos recipientes.

De fácil transporte, favorecida pela sazonalidade das colheitas, super-resistente às condições mais extremas, a lata de conserva acompanha naturalmente o movimento das tropas, facilita a logística de abastecimento e permite aumentar a duração dos conflitos. Se, no decorrer do século XX, os armamentos não param de se aperfeiçoar, mudando a configuração das guerras, o racionamento de conservas é, no processo, um elemento estável.

Nenhum exército pode passar sem as latas, indispensáveis àqueles que desejam estar prontos para matar uns aos outros em larga escala. Com as guerras, elas se impõem como maneira extremamente prática de alimentar tropas e civis.

Em 1900, Nova York conta 220 mil imigrantes italianos. Dez anos depois, já são 545 mil. Em 1930, compõem 17% da população da cidade. Em 1938, mais de 10 mil italianos são donos de mercearias, o que corresponde a um número igual de "embaixadas do tomate", já que todos esses pontos de venda oferecem conservas, a maioria importada da Itália.[60] As latas são onipresentes na vida dos imigrantes italianos, a ponto de, nos anos 1930, algumas se tornarem mídias da propaganda fascista dirigida aos italianos nos EUA.[61]

Assim, os rótulos "Progresso" mostram um soldado romano com símbolos fascistas. Em segundo plano, imagens do desenvolvimento industrial acelerado na Itália: arquitetura racionalista, aviões, barcos, um trem saindo do túnel...

II

MUSEU DO TOMATE INDUSTRIAL, PARMA, EMÍLIA-ROMANHA

Produzidos inicialmente de maneira local e artesanal por mulheres camponesas no século XIX, os *pani neri*, ancestrais do concentrado de tomates, são grandes pães pretos, extremamente duros, feitos de massa de tomates e secos ao sol: o "sêxtuplo concentrado", cuja origem é siciliana. Não existe hoje, na Itália, praticamente nenhum produtor do sêxtuplo extrato. Um dos últimos se encontra em Palermo.

Esses pães já eram produzidos na região da Emília-Romanha em 1840. Vinte e cinco anos mais tarde, em 1865, um químico e engenheiro agrônomo italiano – Carlo Rognoni (1829-1904),[62] o verdadeiro pai da indústria do tomate, se é que existe algum – dedica-se com obstinação a racionalizar a produção deste gênero alimentar e modernizar sua cultura. Zeloso divulgador científico, na vanguarda das fazendas experimentais, Rognoni consegue convencer vários camponeses da província de Parma a se especializarem na cultura de tomates para fins de transformação. Fazendo evoluir as técnicas agrícolas de cultivo do fruto, o agrônomo italiano consegue aumentar a produtividade das plantações e contribui para a criação das primeiras cooperativas de produtores.

A partir do fim do século XIX, a Itália já é exportadora de conservas de tomates. No início do século XX, o país se impõe como o maior exportador mundial. De 2 mil toneladas exportadas em 1897, a Itália passa a 14.355 em 1906, e a 49,1 mil em 1912, ano em que já produz 630 mil toneladas de tomates, àquela altura uma cifra sem igual no mundo.[63] Os países com uma forte presença de imigrantes italianos recém-chegados se tornam, muito rapidamente, os maiores importadores de conservas de tomate.

Em 1913 os Estados Unidos recebem sozinhos mais de 21 mil toneladas de conservas, ou mais da metade das exportações italianas. No mesmo ano, a Argentina importa 6 mil toneladas.[64] A empresa Cirio já está, então, entre as fábricas de conservas que exportam para todos os continentes. A partir dos anos 1920, graças a campanhas de publicidade em vários países, a Cirio se vê no topo de um império.

Hoje em dia, no Museu do Tomate Industrial, em Parma, jaz uma velha máquina de transformação em cobre de nome francês digna de um romance de Julio Verne: *la boule* [a *bola*]. Há mais de um século, os italianos desviaram o uso dessa máquina, utilizada por fabricantes de cerveja, e passaram a adotá-la em prol dos tomates.

As *bolas* são as primeiras máquinas utilizadas pela indústria italiana de concentrados. Elas quase não evoluíram tecnologicamente desde o século XIX: continuam indispensáveis à indústria, servindo como compartimento dentro do qual o concentrado é trabalhado.

Em outro local do museu, sobre o teto de um velho Fiat vermelho e branco dos anos 1950 utilizado para publicidade, há um tubo de massa de tomates gigante: invenção italiana do pós-guerra, permitia aos casais mais modestos, sem dinheiro para comprar uma geladeira, conservar seu concentrado por muito tempo depois de abri-lo.

Enfim, no fundo da galeria, se alinham numa vitrine uma centena de latas de conservas refletindo as cores vermelha e dourada, algumas com mais de um século de idade. Porque é aqui, em Parma, que foi inaugurada em 1888 a primeira fábrica de conserva industrial italiana especializada em derivados de tomates. Ela iria dar o pontapé inicial de um novo negócio, de expansão gigantesca. A coleção de latas de conserva na vitrine é um testemunho dessa expansão.

Em cada uma delas aparece um nome diferente de marca, muitas extintas há décadas. As ilustrações nas embalagens as diferenciam umas das outras. O todo forma uma parede de estranhos hieróglifos. Aqui um cisne, lá uma águia, acolá um galo, um leão, um pintinho, um tigre ou um touro. Ao longe brilham, numa lata, a lua, o sol e uma estrela. Em outra embalagem, é uma rosa ou uma violeta. Um cavaleiro parece desafiar um anjo em duelo, conduzindo um navio transatlântico, ao lado de um antigo galeão. Ao lado, um dirigível. Um bimotor voa em seu entorno. Na linha inferior posam os semideuses Fáeton, Hércules e o Centauro. Até mesmo Dante Alighieri está presente numa latinha.

"Pois é", explica o guia, "era preciso que os milhares de analfabetos de então pudessem dizer ao vendedor que lata de tomates queriam comprar. Como não as conheciam pelo nome da marca, pediam 'a lata do tigre', ou 'aquela da águia'. Cada empresa adotava uma identidade gráfica diferente das concorrentes. Mesmo que, é claro, contivessem o mesmo produto e a qualidade do *concentrato* não diferisse".

Inconscientemente, o guia do museu acabava de descrever uma verdade extremamente atual... Na África, os produtores industriais do tomate continuam a usar grafismos nas latas como arma de persuasão.

III

Com a Marcha sobre Roma e o advento do fascismo em 1922, surge uma nova política agrícola no reino da Itália. Sob o novo regime, "autarquia" é a palavra de ordem, com letras imensas fixadas nos prédios públicos. Essa política econômica de forte teor ideológico se reflete na agricultura italiana. Na esteira do fascismo, o setor do tomate industrial passa por uma estruturação, um desenvolvimento e uma planificação sem precedentes.

Enquanto a propaganda representa Mussolini ceifando espigas com o torso nu em meio aos camponeses italianos, os fascistas lançam, em 1925, a Batalha do Trigo, campanha que faz do cereal uma prioridade nacional. Em oito anos, a produção passa de 50 a 80 milhões de quintais. O novo modelo agrário fixa as grandes escolhas estratégicas do país e determina as cotas.

Na indústria do tomate, a política fascista reserva um papel ainda maior à agronomia e à tecnologia na produção nacional, destacando, em particular, a centralidade da região de Parma. A divisão entre Norte e Sul se acentua: o Norte produz majoritariamente derivados de tomates, como os concentrados, enquanto o Sul fica com as conservas de tomates pelados. Essa divisão persistirá. A produção nacional de tomates não só consegue atingir os objetivos de autossuficiência do regime de "autarquia", como também aumenta as exportações de conservas, o que não era uma prioridade.

As reviravoltas geopolíticas dos anos 1930, que afetam em especial o setor alfandegário, provocam uma grande irregularidade no ritmo dessas exportações. Uma instabilidade que, no mesmo período, resulta nas múltiplas falências declaradas por bancos italianos, engajados num grande volume de investimentos agroindustriais. Um recorde de exportações é atingido em 1929, ano em que a Itália envia ao estrangeiro 137.610 toneladas de conservas de tomate, em grande parte graças ao trabalho da Società Cooperativa per l'Esportazione del Doppio Concentrato di Pomodoro [Sociedade para a Exportação do Duplo Concentrado de Tomates]. Mas, nos anos que se seguem, a indústria italiana deverá encarar o aumento das barreiras alfandegárias, cujo exemplo mais emblemático é o Smoot-Hawley Tariff Act [ato tarifário Smoot-Hawley]: lei protecionista promulgada nos Estados Unidos, em 17 de junho de

1930, que provoca uma freada brusca nas exportações de tomates em conservas para o país.

Nessa época, parte da comunidade ítalo-americana decide abrir fábricas de conservas locais com o objetivo de satisfazer a demanda dos residentes italianos. Ao problema todo se somam, em 1936, as sanções econômicas impostas à Itália pela Société des Nations [Sociedade das Nações, SDN] após a invasão da Etiópia, que irá fragilizar mais ainda a indústria vermelha.

O contexto político fascista gera, portanto, aumento e racionalização da produção, assim como um incremento e, depois, uma instabilidade nas exportações. Estas se interrompem com a eclosão da Segunda Guerra Mundial. Mas à baixa das exportações corresponde um aumento da demanda das forças armadas italianas por conservas.

Em 2015, dois arqueólogos austríacos acharam, em escavações no Egito, duas latas de conserva Cirio, uma das quais de tomates, com a data de 1923. Trata-se de uma evidência da passagem dos soldados italianos em sua marcha para o Sul, em direção às colônias italianas, assim como do papel central da marca Cirio na história da indústria de conservas na Itália. Durante a Segunda Guerra, a Cirio se transforma na fornecedora oficial das forças italianas: suas conservas são consumidas numa extensão que vai até o *front* do Leste para os soldados do Eixo, enquanto a Campbell Soup e a Heinz Company produzem maciçamente as rações para o sustento dos Aliados.

Em 1938, os fascistas promulgam uma lei planificando a produção de tomates industriais. Se ela é fatal para as fabriquetas, por outro lado reforça a posição de Parma na produção de concentrado. A indústria do tomate, totalmente encampada pelo regime, não tem mais que se preocupar com a instabilidade bancária, pois se beneficia de vários tipos de proteção, seja à produção de matérias-primas, à transformação ou à pesquisa.

Durante todo o período fascista, principalmente à medida que se aproximavam os tempos de guerra, o Norte da Itália é uma terra de inovação importante para a indústria agroalimentar. Nas duas décadas em que imperou a hegemonia do regime, as superfícies cultivadas com tomates industriais não pararam de crescer, passando de 33 mil hectares em 1920-1922 a 41 mil em 1923-1925, chegando a 52 mil em 1929-1931 e atingindo 59 mil em 1938-1940.

Em 1940, em plena guerra, é montada em Parma a primeira Exposição Autárquica das Latas e Embalagens de Conservas, um evento que faz o orgulho dos hierarcas do regime. A capa do catálogo mostra uma lata de conservas com a palavra "AUTARCHIA"[65] em letras maiúsculas, garrafais, impressas na embalagem. Para o fascismo, o enlatado é um símbolo importante, ideologicamente compatível com a orientação autárquica do regime, e também com sua "revolução cultural" inspirada pelo futurismo, que exalta a civilização urbana, as máquinas e a guerra. A lata de conservas (como seu conteúdo, alimento do "novo homem") é ao mesmo tempo produzida cientificamente, de acordo com os métodos mais modernos da indústria, e possibilita *conservar* aquilo que foi cultivado na terra da Pátria.

Os fascistas chegam ao ponto de reescrever a história da conserva,[66] fingindo que o francês Nicolas Appert não é o seu inventor: na versão fascista, o dono da criação foi um biólogo pátrio, Lazzaro Spallanzani (1729-1799).

"Durante a autarquia fascista, o papel da conserva de tomates é político", sublinha o historiador da gastronomia Alberto Capatti. "Diferentemente da farinha, que tem uma história italiana difícil de traçar, ou da batata, que não é tipicamente italiana, o tomate e suas conservas são inteiramente produzidos na Itália. Pelo fato de serem percebidas como 'típicas', as latas de tomates encarnam a ideia de autossuficiência alimentar. Hoje, os dois alimentos globalizados dos *fast-food* italianos, o prato de massas e a pizza, contêm tomate. Aí está, em parte, a herança dessa indústria que foi estruturada, desenvolveu-se e foi encorajada e financiada pelo regime fascista.

"As exposições dedicadas às conservas não exaltavam o fascismo, e sim a força das capacidades produtivas italianas – uma força que se encontrava à disposição de todos os fascistas. É a partir desse período que a Itália se transforma num país pioneiro na construção de máquinas alimentares, e é nessa época que as máquinas viram o eixo central de todo o sistema alimentar, o mesmo que se impõe nos dias de hoje".[67]

No pós-guerra, a Mostra da Conserva continua a ser um evento indispensável para as empresas agroindustriais. A feira é renomeada em 1985 para "Cibus Tec", do latim *cibus*, que originou a palavra italiana *cibo*, que quer dizer "alimento". Hoje, o Cibus Tec, Salão de Tecnologias da Indústria Agroalimentar, continua a ter Parma como sede. Toda a cadeia mundial do tomate industrial está sempre presente.

A história é, às vezes, capaz de estranhos paradoxos: é a política autárquica de Mussolini, preconizando a industrialização e a racionalização do setor agroalimentar italiano, que fornece à Itália as armas para, no pós-guerra, conquistar fatias decisivas do mercado e assegurar sua hegemonia na produção do tomate industrial, exportando suas conservas, e conseguir uma vantagem competitiva inicial no domínio das máquinas-ferramentas. A Itália estava equipada para estruturar o setor e conduzir a globalização do tomate.

Muitas instalações industriais da Emília-Romanha foram bombardeadas em 1944. As fábricas que produziam máquinas-ferramentas não foram exceção. Em 1945, Camillo Catelli (1919-2012) inaugura com Angello Rossi uma fábrica de indústria mecânica destinada a virar líder mundial na montagem de usinas de transformação de tomates, vendidas e entregues, "chaves na mão": a Rossi & Catelli, que em 2006, após a fusão de empresas do setor, passou a se chamar CFT.

Inicialmente um empregado comum, Camillo Catelli trabalha como aprendiz na fábrica Luciani antes da guerra. Nos anos 1950, ele se revela um temível capitão de indústria, capaz de exportar suas máquinas para todos os cantos do mundo. Embora os dois homens acabem se separando – Angello Rossi funda em 1951 a empresa Ing. A. Rossi, que se tornaria outra líder do setor –, é sob o nome Rossi & Catelli que a firma acumula autorizações e contratos durante toda a segunda metade do século.

A expansão internacional da Rossi & Catelli começa realmente em 1957, com a invenção de seu primeiro modelo de evaporador moderno. A inovação constitui uma verdadeira revolução, pois seus evaporadores aumentam consideravelmente a produtividade. Esse avanço tecnológico é um *status* que a empresa consegue manter nas décadas seguintes e até os nossos dias. A partir dos anos 1960, ela exporta suas máquinas tanto para a União Soviética quanto para os Estados Unidos, quando estabelece uma primeira parceria, verdadeiramente estratégica, com a Heinz Company.

No início dos anos 1990, a China embarcará nessa revolução.

CAPÍTULO 8

I

ARREDORES DE ÜRÜMQI, ESTRADA 112, XINJIANG, CHINA

FIXADO NA FACHADA de um edifício de vidro com o telhado vermelho, um letreiro exibe a marca Chalkis. Não é a sede da companhia, que fica no centro de Ürümqi, mas um "laboratório" construído em arquitetura moderna, cuja fotografia está no site da empresa na internet. Ao observá-lo da estrada 112, na saída da cidade, descubro que a infraestrutura espalhafatosa tem como vizinha uma fábrica de processamento de tomates.

Um detalhe me intriga. Estamos em pleno período de colheita; apesar disso, não há qualquer vestígio de fumaça na boca das chaminés. Nenhum aroma de tomate cozido. O local parece extremamente calmo. Um pequeno caminho de asfalto rachado dá acesso à fábrica. Por onde passam os caminhões de entrega?

A estradinha está deserta. Não se vê ninguém na entrada das instalações – um portão, uma guarita, uma balança de caminhões. Ou, pelo menos, o que resta deles: os azulejos da guarita estão quebrados. A pintura do portão está descascada. A balança foi devorada pela ferrugem.

Ervas daninhas florescem das rachaduras do asfalto. Vista da entrada, a fábrica de transformação de tomates parece abandonada.

Talvez haja outra guarita, outra balança, mais adiante. O portão está aberto. Ao passar lentamente pela balança, nosso carro provoca um ruído metálico esganiçado. Cinquenta metros à frente, percebo antigos pontos de descarga de caçambas de tomates. Desta vez, não há sombra de dúvidas: a fábrica está largada às moscas. As plataformas de lavagem, assim como seus numerosos tubos, estão cobertas de corrosão. Um evaporador se ergue no meio da fábrica fantasma.

Não há alma viva.

A porta do carro bate. O silêncio é total. Dou alguns passos para me aproximar do quadro elétrico exterior. Ele foi destruído. Uma esteira rolante de tomates foi depredada. O que será que aconteceu aqui?

Mais adiante, outros revestimentos quebrados. As chaminés, os tanques, tudo está em seu lugar. Trata-se, com certeza, do cadáver de uma usina de transformação de tomates, de fabricação italiana, cujo custo de compra e de instalação deve ter chegado, há pouco tempo, a muitos milhões de euros. O lugar está lotado de uma centena de veículos para obras, entre os quais uma retroescavadeira. Provavelmente, máquinas do Bingtuan, especialista em obras públicas.

Sob um hangar dormem velhos barris de concentrado vencido, assim como estoques de latas de extrato de tomate da marca Gino. São latas tricolores, evocando a bandeira italiana, com um pequeno tomate sorridente impresso no grafismo estilizado. Gino, a marca número um na África...

Continuo a explorar a planta industrial arrasada até descobrir uma escada que leva a uma porta. Devo subir esses degraus, invadir o interior? Sim, tudo bem. Mas que seja rápido, e só se a porta estiver aberta.

A sorte me sorri: a fechadura foi arrombada por algum visitante que chegou antes de mim. Entro e descubro um corredor cujas paredes são envidraçadas. É uma passarela pela qual se avista o ateliê-fantasma e que oferece uma visão única de todas as máquinas paralisadas. Todas as linhas de produção estão lá, imponentes e empoeiradas. O espetáculo é extraordinário.

No fim da passarela há outra porta, que dá para um segundo corredor de vidro com vista para os estoques, os quais nada têm a ver com uma atividade de transformação de tomates. A impressão é de que os entrepostos da fábrica servem, agora, para guardar materiais e ferramentas de obras. As placas que sustentam o corredor são barulhentas, o que me faz praguejar à medida que avanço, pois elas rangem terrivelmente.

Encontro outras portas fechadas com trincos rudimentares. Basta levantá-los para abri-las. Num aposento, escrivaninhas quebradas, revistadas, vandalizadas, saqueadas. Além de montanhas de destroços, o chão está repleto de uma infinidade de documentos: folhas impressas em mandarim manchadas pela poeira e pela umidade. Os documentos foram visivelmente retirados dos armários metálicos da sala, esvaziados por alguém. Entre os papéis, há também fotos da fábrica.

Numa peça ao lado – que, ao que tudo indica, também foi vasculhada –, várias evidências da vida na fábrica. Crachás de antigos funcionários estão espalhados. Um envelope grosso contém centenas de fotos 3x4. Nenhuma fisionomia é uigure. São, com certeza, todos da etnia Ha. Operários do Bingtuan. Sobre uma prateleira, um boné militar lembra que, nas fábricas Chalkis, os empregados soldados trabalham de uniforme.

Sobre outra prateleira, galhardetes vermelhos de propaganda. Grandes faixas amontoadas. Num armário, mapas da fábrica mostram as máquinas construídas em Parma. Dezenas de cartões estão num arquivo. Há velhos telefones e material de informática obsoleto. Pequenas cadernetas vermelhas têm o aspecto de passaportes virgens. Diplomas de mérito para operários de destaque, assim como adesivos sobre os quais foram impressos slogans. E detritos de vários tipos.

De repente, do meio do amontoado, uma pilha de livros se revela. São guias de boas-vindas para empregados recém-chegados, em mandarim. Brochuras encadernadas apresentam 14 fábricas Chalkis. Há também uma bela monografia bilíngue, mandarim-inglês, editada em 2004: "Comemoração do 10º aniversário da Xinjiang Chalkis Industry

Stock Co., Ltd". Na capa dura, o logo da Chalkis. O livro se abre sobre um imenso retrato do general Liu, fundador do grupo industrial. Nas páginas seguintes, em outras fotos, o general está acompanhado por altos dignitários chineses, todos usando enormes óculos escuros, no estilo dos de Kim Jong-il.

A publicação exalta o glorioso sucesso do Bingtuan na indústria do tomate. Nas páginas dedicadas à compra da Cabanon vejo Joël Bernard, o antigo chefe da cooperativa: ele posa para a foto entre o general Liu e uma bandeira vermelha. Em outra fotografia, Liu Yi e Thierry Mariani, antigo deputado da região de Vaucluse, sorriem um para o outro enquanto apertam as mãos, numa cerimônia organizada nos salões do hotel Royal Monceau, em Paris, no dia 9 de abril de 2004. O motivo do evento? Celebrar o primeiro investimento chinês numa empresa agrícola francesa...

A monografia traz dezenas de fotos das atividades do grupo. Filas de caminhões cheios de tomates. Contêineres de mercadorias. Fábricas. E, claro, cliques e cliques do general Liu fazendo alguma coisa extremamente importante, como olhar um mapa-múndi enquanto aponta o dedo para os países, refletir sobre um dossiê, de caneta na mão, ou dar ordens às suas tropas antes de uma ação comercial decisiva. Mais adiante, ele posa em frente a uma fábrica da Heinz Company, ao lado de um comprador da multinacional. Em outra imagem, está de novo na Provença, nas instalações da Cabanon, acompanhado desta vez de um oficial chinês.

Folheando mais páginas, chega-se, na sequência, a uma imagem que mostra vários homens erguendo os copos em torno de uma mesa ornada com pequenas bandeiras: italianas e chinesas. Ao lado do general Liu Yi, reconheço o napolitano Antonino Russo, "rei do tomate". Ele reaparece mais à frente rubricando documentos: "Assinatura de um contrato de exportação de ketchup com a empresa Russo", diz a legenda. Numa terceira foto, outras cerimônias envolvendo a sociedade de Antonino Russo: "Assinatura de um contrato para a construção de uma linha de transformação na China, em *joint venture*". Numa quarta imagem, o general Liu, desta vez em visita à Itália, junto a um figurão chinês de Xinjiang, numa fábrica Russo na vizinhança de Nápoles. Em outra, aparece Antonio Petti, o rival de Russo.

Endireito a cabeça e dou uma última olhada na montanha de crachás na qual se entulham os rostos dos trabalhadores. Inútil demorar-se mais um minuto sequer neste lugar.

II

PEQUIM, CHINA

– Eu trouxe comigo um livro de 2004, celebrando os dez anos da Chalkis. O senhor aceitaria comentar as fotos?[68]

– Claro que sim – me responde o general Liu, com um sorriso. – Isso é na Inglaterra, em 1996, durante a assinatura de um contrato de exportação com a Heinz. Este aqui é um antigo ministro chinês do Comércio e da Economia Internacional, que tinha chegado para inspecionar uma fábrica da Chalkis. Este outro é Wu Bangguo, presidente do Comitê Permanente da Assembleia Popular Nacional (atualmente, o segundo no comando do Comitê permanente do Escritório Político do Partido Comunista Chinês, um dos homens mais poderosos do país). E aqui é na Itália, em 2001, com Antonino Russo, em nosso primeiro grande acordo de cooperação estratégica.

– O senhor ia muito à Itália?

– Ah, sim! Posso dizer que Nápoles, durante muito tempo, foi minha segunda casa. A Itália teve um papel inestimável no sucesso da Chalkis. Eu ia sem parar a Nápoles, assim como a Parma – recorda o general. – Conheço muito bem Antonio Petti e era bem próximo também de Antonino Russo.

– Russo era um de seus clientes?

– Ele era bem mais que um cliente. Antonino Russo foi, de longe, meu maior parceiro, meu associado, meu cliente mais importante. Ele me ajudou muito nessa indústria. Era realmente uma boa pessoa.

– Quanto de concentrado de tomate Russo comprou da Chalkis?

– Uma quantidade enorme! Era meu maior comprador. Ele adquiriu entre 35% e 40% da produção da Chalkis entre 2001 e 2006. No tempo em que eu dirigia a empresa, nós exportamos volumes consideráveis de concentrado de tomate para suas fábricas em Nápoles. Eu tinha uma verdadeira relação de amizade com ele. Em 2001, Antonino Russo chegou a me oferecer uma fábrica.

– Ofereceu? Por que Antonino Russo ofereceu uma fábrica ao senhor?

– Nós éramos amigos. Ele me deu a fábrica, de graça, para manifestar sua amizade...

CAPÍTULO 9

I

A PARTIR DO início dos anos 1990, a China se equipa maciçamente de usinas de processamento de fabricação italiana. No decorrer dos anos 2000, torna-se o primeiro produtor mundial de concentrado. Em 2004, a Chalkis compra a Cabanon com o objetivo de fazer dela um posto avançado para inundar o mercado europeu com seu concentrado de tomate. O Império do Meio torna-se, em tempo recorde, uma grande potência do tomate processado. Essa ascensão repentina da China, num setor industrial a respeito do qual ela nada sabia, é sem dúvida espantosa.

No entanto, as surpresas não param por aí: os chineses construíram tantas fábricas de concentrado italianas nos anos 2000 que algumas, hoje abandonadas, degradam-se à beira das estradas de Xinjiang, isso quando não foram demolidas.

Como explica Davide Ghilotti, antigo repórter da *Food News* e especialista do ramo, "é difícil imaginar isso, mas os chineses realmente apagaram usinas inteiras de seu território, às vezes cotadas a um valor de dez milhões de euros, quando compreenderam que construíram unidades demais".

Para entender por que a cadeia chinesa experimentou uma aceleração de crescimento tão fulgurante e súbita, é preciso ter em mente a estrutura do setor às vésperas do *boom* chinês e os principais personagens que detinham o poder. De Parma a Nápoles, são os italianos que, à época, têm a supremacia absoluta sobre amplas faixas do mercado mundial. Das conservas de tomates pelados às pequenas latas de concentrado, é um mercado de oligopólios.

O poder no seio da indústria italiana é controlado, então, por três tipos de atores econômicos: em Parma, os mais importantes negociantes de concentrado de tomate do mundo e os construtores de unidades de transformação com tecnologia de ponta; em Nápoles, os maiores clientes dos vendedores de Parma – em primeiro lugar, os titãs Russo e Petti. As três pontas do triângulo – comercialização, indústria mecânica e fábricas de conservas – formam um grupo de interesses importante, extremamente poderoso, interligado, que não para de se consolidar no curso da segunda metade do século XXI.

Os principais representantes desses três polos, economicamente proeminentes, se contam nos dedos das mãos. Eles formam, no seio da cadeia de produção italiana, um conjunto que tem todas as características de um cartel. O cartel do tomate.

II

PARMA, EMÍLIA-ROMANHA

Em 1930, os irmãos Armando e Ugo Gandolfi fundam em Parma uma empresa cuja atividade-fim é a venda de gêneros alimentícios. Ugo cuida do queijo e do presunto; Armando é o homem das conservas, fiel a elas até sua morte, em 1969. Com seu filho, Rolando Gandolfi, a empresa se abre para o mercado externo, movimenta quantidades absurdas de concentrado de tomates e conta, entre seus muito numerosos clientes, empresas como a Heinz Company. A Gandolfi se transforma, a partir da segunda metade do século XX, na sociedade de comércio de tomates industriais mais influente do mundo, posto que ocupa até hoje.

Rolando Gandolfi morreu em 2002. Muito cedo ele encontrou seu fiel braço direito, um homem que, ao longo de toda a sua carreira, viajou a todos os países do mundo em nome do patrão e trabalhou para construir as mais diversas vias de escoamento comercial: Silvestro Pieracci.

"Eu era químico por formação. Num dia qualquer de 1964, alguém da Estação Experimental da Indústria das Conservas Alimentares (*Stazione Sperimentale Industria Alimentari*, ou SSICA) de Parma me telefonou para dizer que uma usina precisava de mim para uma bateria de análises. Foi assim que ingressei na indústria do tomate",[69] recorda. "Em 1969, comecei a trabalhar com Rolando. Juntos, logo iniciamos uma série de viagens ao estrangeiro, numa época em que isso não era comum. Primeiro fomos à Grécia e à Turquia. Em seguida, a Portugal. Na Grécia, o setor nasceu após minha chegada no início dos anos 1970, com um ótimo cliente meu, Pasquale Petti. Era o pai de Antonio, hoje presidente das empresas Petti. Pasquale podia comprar muitas conservas. E nós, os Gandolfi, sabíamos como fornecer a quantidade que ele quisesse. Toda a indústria mecânica estava aqui, em Parma. Todas as máquinas de ponta eram fabricadas a dois passos do nosso escritório. Nós tínhamos o *know-how*. Então, era só pisarmos num país que a transferência de tecnologia se realizava automaticamente. Em seguida, comprávamos o concentrado produzido localmente. Foi com a Grécia que nossa abertura internacional começou. Na época, nós não estávamos sós, havia muitos negociantes no ramo. Mas, com nossos conhecimentos, capacidades e amizades, a Gandolfi virou a líder mundial a partir do fim dos anos 1970. Nós tínhamos excelentes relações com Heinz, Nestlé, Kraft, Panzani e muitas outras. Todas as grandes empresas do setor nos contataram, e estávamos prontos para trabalhar com elas."

Ao longo da carreira, Silvestro Pieracci visita todos os países do mundo onde há uma usina de processamento de tomates. Os volumes de concentrado que ele compra e vende são, então, inigualáveis. "Em um só contrato, com apenas um telefonema, eu vendia trinta mil toneladas de concentrado. Navios inteiros eram carregados de nosso produto." Nos anos 1980, os maiores compradores da Gandolfi são os napolitanos: os produtores industriais do agronegócio nocerino-sarnese, epicentro da indústria de conservas do Sul.

"Os napolitanos eram nossos principais clientes, sem dúvida. Conheci Antonino Russo em 1979, no tempo em que ele próprio nos recebia no depósito de uma usina, entre caixas de madeira. Era preciso sentar-se numa das caixas, e ali mesmo discutíamos por horas. Fazer negócios no Sul não é coisa para qualquer um... É impossível sequer imaginar as quantidades de concentrado compradas por Nápoles. O maior cliente, nesta época, era Antonino Russo e a família Petti. Giaguaro ainda não havia chegado. No início, no Sul, eles usaram rejeitos de tomates pelados – as cascas – para fazer uma pasta vendida por praticamente nada em mercados africanos. Começaram assim. Mas não faziam só conservas de tomates. Havia também pêssegos, cerejas, ervilhas... Já então, na agricultura nocerino-sarnese, as feiras de frutas e legumes eram quase todas comandadas pela Camorra."

Quando duas famílias compartilham um mercado gigantesco, é natural que a competição se exacerbe e que uma tente invadir o território da outra. Os lances ofertados por países árabes como Argélia ou Líbia foram episódios que cristalizaram a rivalidade entre os clãs Russo e Petti

"Nesses leilões", recorda-se Silvestro Pieracci, "não se tratava de alguns contêineres, mas de dezenas de milhares de toneladas de mercadorias. Russo e Petti queriam vender na África. Então Russo começou a fazer *dumping* com certos produtos para prejudicar Petti. Na hora de escolher os grandes mercados argelinos e líbios, era guerra, de verdade. Melhor ser franco: o que se passava por baixo dos panos era o que determinava essas tratativas. Nesse domínio, creio que os líbios eram piores: eles nunca paravam. Com os argelinos, a coisa era mais moderada. Mas os líbios, esses eram realmente terríveis. Hoje as coisas estão diferentes. Os argelinos aprenderam a comprar na China e a engarrafar suas importações".

A guerra de preços entre Russo e Petti não era do feitio da Gandolfi, que fornecia aos dois. Por isso, a empresa funcionou, em algumas ocasiões, como mediadora de conflitos. Rolando Gandolfi havia encarregado seu braço direito, Silvestro Pieracci, de organizar encontros de conciliação entre os rivais. Segundo Pieracci, um desses ocorreu a portas fechadas, em Roma, no luxuoso hotel Eden, na Via Ludovisi. Ele narra o encontro assim:

“Rolando e eu tentamos diversas vezes convencer esses personagens a entrarem num acordo, porque não havia nenhum sentido em fazer guerra, em se massacrar mutuamente. Se o mercado compra cem, ele compra cem. Então, melhor tirar um segundinho para se entender, evitar se matar e perder dinheiro, e se alinhar sobre o que pode ser um preço justo de mercado para todo mundo, um preço abaixo do qual não se deve vender, sob o risco de perder mesmo, de cavar um abismo, de não poder mais pagar as taxas e os impostos, nem mesmo as latas. Esse princípio não é válido unicamente para o concentrado. Vale, também, para o tomate pelado. Mas, em relação a essa mercadoria, nós não conseguimos jamais fazer os dois se entenderem. Tentamos duas ou três vezes abordar uma estratégia e estabelecer uma linha comum de venda, ou *approach* de mercado, mas não foi possível fazer isso com os tomates pelados. Por outro lado, quanto ao concentrado, em especial para os lances de compra argelinos e líbios, conseguimos um tipo de acordo, que funcionou por um certo tempo: pegávamos a encomenda, e pouco importa quem ficava com o quê. Parte era feita por um dos dois, Russo ou Petti, e a outra era feita pelo rival. Era a coisa mais simples, ponto final.”

Gandolfi, Russo, Petti: a partir dos anos 1980, o “cartel do concentrado” já controla grandes faixas da indústria vermelha na Europa, na América e na África. Os italianos são capazes tanto de fornecer aos mercados de países ricos e às nações mais pobres quanto de abastecer as multinacionais do *agrobusiness* e os mercados públicos de países autoritários.

“Os primeiros contatos com os chineses? Foram feitos após um telefonema que recebi nos anos 1990, de uma construtora de usinas, Ing. Rossi. Eles tinham vendido uma fábrica na China e perguntaram se podíamos dar uma ajuda na venda de tomates que dali sairiam. Foi nessa época que eles trouxeram a Heinz para a China.”

III
PEQUIM, CHINA

“Na indústria do tomate, a Itália faz o papel de Marco Polo”, resume o general Liu.[70] “De fato, foram os italianos que ofereceram os primeiros equipamentos à China. Os fornecedores de máquinas originárias de Parma, na Itália, vieram ao nosso país auxiliar na implantação das fábricas, ajudar na produção, garantir a transferência de tecnologias, de *know-how* para formação de pessoal... Tudo organizado pelos italianos. Os equipamentos, muitos deles da marca Rossi & Catelli ou Ing. Rossi, vinham do Norte da Itália. Depois, nosso concentrado de tomate foi vendido no Sul, na região de Nápoles, para Russo ou Petti. Os italianos não se limitaram a fornecer os equipamentos. Desde o início, eles compraram o nosso concentrado."

"Encontrei Antonino Russo pela primeira vez em 1999 ou 2000. Fui a Nápoles e ele me pediu amostras de meus tomates. Solicitou a seu químico que as analisasse, e sua primeira reação foi de espanto: ele ficou assombrado pela relação preço/qualidade de nosso concentrado. Realmente, não conseguia acreditar. Tanto que me pediu que lhe enviasse um contêiner inteiro para fazer outro teste sobre uma amostragem maior, o que eu fiz prontamente. Em seguida ele me passou uma primeira encomenda, de cinco mil toneladas de concentrado. Quando recebeu a entrega, ele a dividiu com outros produtores industriais de Nápoles, mas guardou três mil toneladas só para ele. Na Itália estavam todos pasmos com a qualidade do concentrado Chalkis. Nossos tomates eram tão bons! O nome Chalkis imediatamente ficou conhecido. Logo depois eu levei o vice-presidente do Bingtuan a Nápoles e o apresentei a Antonino Russo. Nós entramos num acordo sobre os preços, e nossa parceria se intensificou. Em 2003, para me agradecer, Antonino Russo me ofereceu outra usina. Nós cooperamos com ele por muitos anos."

IV
PARMA, EMÍLIA-ROMANHA

De uma elegância sóbria, os escritórios da empresa Gandolfi, líder mundial no comércio de concentrado de tomates, são tão espaçosos quanto discretos. É desse local que partiram os "Marcos Polos" do tomate, abrindo caminho para o advento maior, espetacular, da globalização do setor. Eles são, hoje, três irmãos da terceira geração dos Gandolfi, que percorrem o mundo permanentemente para comprar e vender barris do ouro vermelho. A cada verão, esses negociantes fazem um pouso na China, dentro do ritual de suas viagens de negócios. Os três irmãos monitoram atentamente o progresso da produção chinesa.

Armando Gandolfi é o mais velho da confraria. É ele que me recebe. "Nós fomos os primeiros a ir trabalhar na China", explica.[71] "Garantimos a continuidade de nossa intervenção, com consultorias técnicas e fornecimento de especialistas italianos. E estamos hoje entre os maiores importadores de produtos chineses no mundo."

No comecinho dos anos 1990, Armando Gandolfi é o primeiro negociante italiano a ir à China. Sua viagem comercial deve antever a construção de uma cadeia produtiva chinesa, coisa que, à época, era difícil de se imaginar. Armando tinha 30 anos quando fez a viagem.

"A China que descobri era muito diferente do país de hoje. As pessoas ainda vestiam trajes maoístas. As ruas tinham poucos automóveis e uma quantidade fabulosa de bicicletas. Era uma China antiga. O país se transformou em alta velocidade. Viajar por lá nessa época, entrar nas zonas rurais mais isoladas, aquelas que iriam se converter em importantes áreas de lavoura de tomate, foi para mim uma verdadeira aventura. Eu me lembro especialmente de ter feito uma viagem de trem leito, interminável, de 24 horas, em condições de higiene particularmente difíceis... Em Xinjiang, na completa ausência de pontes, tive que atravessar rios dentro de um carro. Isso dá à gente a sensação de ser um pioneiro de verdade."

Nesse tempo, o desejo de Pequim é desenvolver Xinjiang. A ideia é ampliar a política aplicada sistematicamente pelo Bingtuan, cuja missão consiste em promover obstinadamente a colonização da área por meio da industrialização e do progresso agrícola.

"No que se refere ao mercado mundial de concentrado, creio que os chineses não se questionaram muito, pelo menos nas questões estratégicas", analisa Armando Gandolfi. "Penso que seu principal motivo era dar emprego aos camponeses, ocupar terrenos, desenvolver um tecido econômico. A partir daí, fizeram investimentos. Desde o início, toda a produção se voltou para a exportação, porque os chineses têm um mercado interno muito frágil. Consomem no máximo 10% do que produzem. Todo o restante deve ser necessariamente exportado. O consumo de tomates frescos na China é muito importante. Aliás, o país é o maior produtor mundial deles. Mas a passagem para o consumo sob forma industrial se faz muito lentamente. É cultural. Passar do tomate fresco ao molho não é nada simples: a coisa tem relação com uma forma diferente de comer. É algo que está em vias de se consolidar, principalmente entre as novas gerações. Porém, isso leva tempo."

Armando Gandolfi começou sua carreira em 1975 ao lado do pai, Rolando, e de seu braço direito, Silvestro Pieracci, num período em que Gandolfi era fornecedor da Heinz Company. A sociedade de comércio se tornou então o principal interlocutor italiano da multinacional americana, o que levou Rolando Gandolfi a fazer uma série de viagens a Pittsburgh, berço do gigante do ketchup.

V

Na metade dos anos 1990, a Suíça é a praça financeira por onde circulam os capitais italianos que permitem a instalação de usinas do país na China.[72] As primeiras fábricas são construídas graças a acordos de compensação comercial. Silvestro Pieracci resume seu funcionamento:

"Eu dou máquinas para você produzir. Você produz. E, quando você produz, você me dá sua produção para que eu possa vendê-la e recuperar o dinheiro correspondente às máquinas que lhe eu dei no início. Sim, era um sistema utilizado no passado. Eu sei que foi feito dessa maneira."

As primeiras usinas instaladas na China, portanto, não foram pagas em dinheiro, mas quitadas em concentrado nos anos seguintes, depois das colheitas e da transformação dos tomates. A realidade dos acordos de compensação comercial é atestada por um relatório do Departamento de Agricultura dos Estados Unidos com data de

2002.[73] Muitos produtores industriais italianos e chineses, questionados a respeito desses acordos, me confirmaram que eles realmente existiram, garantindo que os capitais italianos transitassem entre italianos, e da Itália para a Suíça – mas ninguém entre os mais altos dirigentes da cadeia mundial do setor se lembra de ter sido uma das partes no contrato, ou de conhecer alguém ou alguma empresa que tenha tomado parte... Teria sido porque essa circulação de capitais era o sonho de consumo de uma empresa agromafiosa, ou desejosa de investir somas cinzentas, de lavar dinheiro?

Impossível responder a essa pergunta. Tanto na China quanto na Itália, os acordos de compensação comercial parecem ter provocado amnésia em todos os produtores industriais do ramo. Dinheiro sujo ou não, os lucros do novo negócio eram, em todo o caso, muito promissores...

VI

ÜRÜMQI, XINJIANG, CHINA

Ele me encontrou no saguão de um velho e surrado hotel de Ürümqi. É uma das figuras centrais do setor na China. Os comerciantes italianos geralmente não o chamam pelo seu primeiro nome chinês, que eu não conseguiria citar. Quando se expressa, um detalhe me intriga e resume toda a história do ramo na China: o homem chinês sentado diante de mim fala inglês com sotaque italiano.

Quando os primeiros italianos chegaram a Xinjiang nos anos 1990 com o objetivo de construir todas as peças do negócio na China, numa época em que Ürümqi tinha apenas um hotel, e de péssima qualidade, os "Marcos Polos" do tomate logo começaram a correr atrás de um bom tradutor. Ele era jovem e falava bem inglês. Logo foi recrutado. Durante muitos anos, o intérprete acompanhou, em toda a região e em Pequim, os construtores de máquinas-ferramentas e os negociantes italianos de Parma.

Quando já tinha conquistado a confiança de todos, o jovem passou a traduzir uma longa série de conversas estratégicas. Poderiam ser trocas de informações estritamente técnicas ou negociações as cruciais. A cada trabalho ele aprendia mais sobre o ramo industrial, fossem aspectos tecnológicos ou comerciais. Após muitos anos lado a lado com os gigantes da indústria vermelha na posição de intérprete, sua formação era única e sem comparação. Hoje, ele trabalha na indústria chinesa. Conhece todas as engrenagens dos dois gigantes do país, Cofco Tunhe e Chalkis.

"O braço chinês do tomate industrial foi construído em vários períodos", ele se recorda. "Nasceu, realmente, entre 1990 e 1993, numa época em que a China transformava cerca de 400 mil toneladas de tomates por ano. Italianos e chineses compreenderam que o clima de Xinjiang era ótimo para a cultura de tomates industriais e, desde então, jamais pararam de construir usinas. A segunda fase de crescimento foi entre 1999 e 2003: no período, a China produziu até cinco milhões de toneladas de tomates destinados à transformação, o que equivale a mais de 600 mil toneladas de concentrado por ano. Por fim, houve o impulso entre 2009 e 2011, quando o país atingiu uma produção recorde de dez milhões de tomates ao ano, destinados à transformação industrial, ou seja, à exportação.

"A partir daí a China reduziu sua produção, pois as indústrias de Xinjiang entenderam que não servia a nada produzir tanto para um mercado que não existia realmente, e que isso tinha um impacto muito negativo nos preços. De fato, o que é preciso entender é que, depois da fase de compensação comercial, o dinheiro dos bancos chineses passou a escorrer rapidamente pelo ralo. As usinas haviam então crescido como cogumelos. Uma forte competição se instaurou, entre a Cofco Tunhe e a Chalkis. As duas empresas construíram um número absurdo de unidades, que processavam quantidades fenomenais de concentrado, até atingir picos de superprodução. A questão era saber quem seria o líder mundial. A guerra era feroz. Os italianos nada fizeram para dissuadi-las, uma vez que, no fim, eles iriam dispor de um concentrado a preços extremamente baixos. Foi preciso esperar 2014 para que eu mesmo organizasse reuniões de conciliação entre industriais chineses, para dar um fim à guerra de preços..."

"Seria difícil para mim dizer todas as grandes multinacionais agroalimentares que se abastecem aqui em Xinjiang hoje, pois elas são muito numerosas", prossegue. "Essas multinacionais importam quantidades gigantes de concentrado chinês. Unilever, Heinz e Nestlé compram, as três, muitas dezenas de milhares de toneladas do extrato chinês todos os anos. A Kraft também importa muito. Os principais destinos europeus desse concentrado são a Itália, o Reino Unido, a Polônia, a Alemanha e a Holanda, onde são produzidos molhos e ketchup. A China também exporta maciçamente para a Rússia. E não falei ainda, naturalmente, de todo o concentrado que parte direto para a África, ou daquele que vai para a Itália para lá ser recondicionado e depois reexportado para a África."

Em 2015, a Cofco Tunhe, líder chinês e vice-líder mundial, produziu mais de 250 mil toneladas de triplo concentrado de tomates. A Chalkis, por sua vez, segunda maior da China, confeccionou 160 mil toneladas. Os números três e quatro chineses, Haohan e Guan Nong, acondicionaram respectivamente 80 mil e 45 mil toneladas de extrato. Assim, as quatro maiores empresas chinesas que processam tomates produziram em 2015, juntas, três quartos da produção chinesa oficial: 737 mil toneladas.

Se a China é hoje o primeiro exportador mundial, em volume, de extrato industrial, é porque os maiores países produtores do setor fornecem geralmente ao mercado interno em primeiro lugar. É o caso da Califórnia, cuja produção é em grande parte absorvida pela imensa demanda interna na América do Norte. O mesmo ocorre com outro grande produtor mundial, a Itália, que abastece primeiro seu mercado interno e depois uma parte da demanda europeia.

A China, enquanto isso, segundo produtor mundial em 2015, é a única grande potência da cadeia que orientou a quase totalidade de sua produção de tomates industriais à exportação. Em 2016, segundo a revista *Tomato News*, a produção mundial destinada ao processamento industrial chegou a 38 milhões de toneladas de tomates. A Califórnia produziu mais de 11,5 milhões de toneladas, e a China, 5,1 milhões, mesma quantidade produzida pela Itália. A Espanha e a Turquia, respectivamente, contaram 2,9 e 2,1 milhões de toneladas. Em 2015, ano em que o valor total das exportações no mundo atingiu algo próximo de 6,5 bilhões de dólares, ou seja, o triplo de 1997, somente 13 países no mundo tiveram balança positiva em relação aos derivados de tomate.

VII

Ao longo da apuração desta reportagem, muitos personagens do ramo me disseram que propinas foram pagas aos grandes nomes da indústria chinesa do tomate durante a afirmação da China como potência econômica nos anos 2000. Claro que nenhuma de minhas fontes revelou ter participado dessas práticas. Paulo Cunha Ribeiro, influente negociante português, descreve os chineses como "muito insistentes" em suas solicitações. Os subornos, segundo ele, serviriam para acalmá-los. Ele também declara, como todos, não ter jamais comido desse pão. Mas esclarece que certos contratos, tendo como objeto a construção de usinas ou a compra de equipamentos, foram superfaturados. O princípio do superfaturamento, em suas palavras, permitia a prática da retrocomissão:

"Um construtor vende a um produtor industrial chinês um equipamento cujo preço é superfaturado; a empresa chinesa o compra com dinheiro emprestado pelos bancos do governo; uma vez que a transação é feita, uma comissão oculta é enviada a uma ou várias contas bancárias no exterior por um dirigente chinês ou por um de seus laranjas", explica o negociante português.

VIII

No nascimento do setor chinês de tomates industriais, toda a colheita dos frutos em Xinjiang era feita manualmente: a mão de obra custava, então, de seis a dez vezes menos que hoje. A lavoura mobilizava trabalhadores migrantes do interior da China, os uigures, a quem eram pagos o equivalente a dois ou três euros por dia. Hoje, são, em média, 20 euros diários.

A colheita de tomates se fazia igualmente com o uso de mão de obra formada por grupos de prisioneiros dos laogai, "campos de reeducação pelo trabalho", da República Popular – em outras palavras, os gulags chineses.

Frequentemente apresentada pela imprensa ocidental como o equivalente uigure do Dalai-lama, a senhora Rebiya Kadeer preside o Congresso Mundial Uigure. Mulher de negócios em Xinjiang desde os anos 1970, ela virou uma das mulheres mais ricas da China nos anos 1990, período no qual seu *status* social lhe permitiu integrar os meios políticos chineses. Rebiya escolheu defender "de dentro" a causa de seu povo, criticando abertamente a política do poder central.

Julgada e presa em 1999, libertada em 2005 após muitos anos de trabalhos forçados no ateliê de costura de um "campo de reeducação", ela vive, hoje, nos Estados Unidos. Eu a encontrei para uma entrevista que é parte desta pesquisa. A senhora Kadeer me confirmou o fato de que prisioneiros políticos são obrigados a participar das colheitas de tomates industriais em Xinjiang e que eles não são o único tipo de detentos a fazer trabalhos como esse nos campos.

"Xinjiang é a região na China que tem o maior número de laogai do país", ela explica. "Os diretores dos campos de trabalho são verdadeiros chefes de empresa, explorando prisioneiros como mão de obra, graças à qual são produzidas mercadorias de exportação. É comum que os prisioneiros sejam empregados para realizar trabalhos agrícolas ou de transformação industrial."[74]

Em Xinjiang, tive a oportunidade de verificar essa informação. Não se trata de uma mentira da propaganda antichinesa. Se o uso de condenados para a colheita forçada de tomates jamais foi reconhecido por um oficial da indústria vermelha, um produtor de tomates chinês, da etnia Ha, em Xinjiang, me confirmou que, no passado, ele mesmo empregou esse tipo de mão de obra nas colheitas de sua plantação – seus tomates eram em seguida transformados nas usinas, depois comprados em forma de concentrado por multinacionais do agronegócio.

No tempo da União Soviética, os gulags eram regularmente denunciados por intelectuais. Hoje ainda, em qualquer debate na televisão, a menção ao gulag serve para ilustrar conversas que tenham como tema "o comunismo". No entanto, estranhamente, os gulags continuam a existir na China de hoje, sem qualquer polêmica. Será porque, neste meio tempo, eles mudaram de lado? Os campos chineses, os laogai, são razoáveis para o capitalismo globalizado: fornecem mão de obra aos subcontratantes das grandes multinacionais sempre dispostos a reduzir seu "custo do trabalho".

A China não publica nenhuma estatística oficial sobre os laogai. Segundo várias ONGs, esse trabalho forçado mobilizaria, hoje, quatro milhões de pessoas. O jornalista Hartmut Idzko, que trabalhou muito tempo como correspondente na Ásia do primeiro canal alemão público ARD, fez um documentário para a emissora Arte sobre os campos de trabalho chineses: "Os campos contribuem maciçamente para a economia do país. É um mercado que representa bilhões. Frequentemente, estão em fábricas modernas que os europeus vêm visitar e onde podem fazer encomendas diretamente. Mas, atrás do prédio, eles não veem a prisão na qual a mercadoria é produzida: enfeites de Natal, embalagens para a indústria farmacêutica, roupas, bichos de pelúcia, peças de reposição para máquinas... Boa parte dos produtos chineses baratos vendidos nas nossas lojas foram fabricados num campo de trabalho."[75]

Na Europa, cuja economia ficou dependente das exportações chinesas, essa situação de exploração de trabalhadores forçados é pouquíssimo midiatizada. Esses campos de trabalho fornecem mão de obra agrícola para a produção de gêneros e matérias-primas no mundo inteiro: mercadorias por vezes manchadas pela vergonha, que chegam às galerias e shoppings ocidentais – e aos nossos pratos de comida.

IX

Uma mão de obra quase gratuita. A chegada ao mercado mundial de um concentrado chinês ultracompetitivo. Napolitanos ávidos por extratos a preços "de custo". Tomadores de decisão chineses com pressa de industrializar Xinjiang, de "valorizar" o território e de encher os próprios bolsos. Uma demanda mundial por tomate industrial que cresce 3% ao ano. Construtores de usinas decididos a vender toneladas de equipamentos... Todos os ingredientes estavam reunidos para que a mecânica dos negócios pusesse em marcha a ascensão meteórica do setor na China; para que a China superproduzisse e se superequipasse, sempre, sem parar. E assim foi.

CAPÍTULO 10

I

É A BORDO do jato particular da Heinz Company que Henry Kissinger, o antigo secretário de Estado americano, viaja pela primeira vez à Irlanda, em 30 de junho de 1983.

Lendário craque internacional de rúgbi, bilionário e proprietário de grupos de mídia, Tony O'Reilly ocupa o cargo de diretor-geral da Heinz. Alguns anos depois de assumir o posto, quando morre Henry John "Jack" Heinz II (neto do fundador Henry J. Heinz), em 1987, O'Reilly ascenderá a presidente da multinacional. É ele quem recebe Kissinger pessoalmente em seu castelo de Castlemartin, em Kilcullen, luxuosa mansão cercada por 300 hectares de terreno. Durante um passeio lado a lado nos jardins do castelo, O'Reilly e Kissinger conversam. Eles irão operar uma guinada geopolítica radical na história da agroindústria.

Henry Kissinger acaba de deixar o governo americano. Há um ano, ele comanda sua nova empresa, Kissinger Associates. Fundada com o apoio de grandes bancos, principalmente o Goldman Sachs, é uma sociedade de consultoria para empresas especializada nas relações e negociações de contratos entre firmas multinacionais e governos. Ele ocupou o posto de conselheiro nacional de Segurança de 1969 a 1975, no governo de Richard Nixon, e foi nomeado secretário de Estado em 22 de setembro de 1973. Anos depois do fim de suas funções nesse cargo

(1977), ainda tem acesso a presidentes, chancelarias e ministérios, e é dono de uma valiosa lista de endereços. Por meio da Kissinger Associates, pretende agora estender e valorizar suas redes de influências sobre as grandes multinacionais.[76]

Ao convidá-lo para viajar à Irlanda, Tony O'Reilly dirige-se ao homem que teve relações secretas com a China a partir de junho de 1971 e preparou a histórica visita oficial de Nixon, que surpreendeu o mundo inteiro em 1972: o primeiro deslocamento oficial de um presidente americano à China maoísta. O'Reilly expõe a Kissinger suas preocupações: os produtos Heinz são oferecidos e estão acessíveis a apenas 15% da população mundial – na América do Norte, na Austrália e na Europa. O diretor-geral do gigante do ketchup tem uma obsessão: estender sua rede comercial e ser o primeiro a fazer negócios em países tidos como inacessíveis. A China é um deles. Kissinger pode ajudá-lo a se estabelecer no país, orientado para o desenvolvimento sob o impulso das políticas de Deng Xiaoping.

Assim que retorna aos Estados Unidos, o diplomata se dedica às ambições da Heinz. Organiza para breve o desembarque da multinacional na China. No ano seguinte, em 1984, a Heinz já conclui um acordo de *joint venture* com uma usina chinesa na província de Guangdong: ali serão produzidos alimentos para crianças. A conclusão do acordo se faz em apenas sete meses.

A fábrica é inaugurada em junho de 1986. A cerimônia é realizada com grande pompa, reunindo oficiais do Partido Comunista chinês e dirigentes da multinacional norte-americana: as fotos do evento mostram o neto Henry John "Jack" Heinz II e Tony O'Reilly, seu sucessor, cercados de uma multidão de crianças chinesas agitando balões com o logo da Heinz. A população local usa, nesse dia, uniformes maoístas e chapéus com a marca da companhia.

Dois anos mais tarde, a usina chinesa triplicou de tamanho. A Heinz é a primeiríssima multinacional ocidental a fazer publicidade na televisão chinesa; é, também, a primeira empresa a se dedicar à venda e à distribuição de gêneros alimentícios com selos de um país capitalista.

A partir de 1990, menos de um ano após a repressão dos manifestantes da Praça da Paz Celestial, a Heinz já comercializa seus produtos na metade do país. Mais uma vez, a multinacional se encontra num posto avançado da história do capitalismo.

II

A onda neoliberal dos anos 1980 espalhou a doutrina do livre mercado, e, sob influência da nova ideologia dominante, muitos governos de países industrializados desregularam suas economias e "liberaram" as atividades financeiras. Em pouco tempo, a "financeirização" da economia transformou profundamente os sistemas de produção e de crédito, nos níveis nacional e mundial. Se, em 1962, o setor financeiro representava cerca de 16% do produto interno dos EUA, e o industrial, perto de 49%, quatro décadas depois a parte das finanças chega a 43%, e a da indústria, a somente 8%. Conquistado pelas teses neoliberais, o chefe da Heinz, Tony O'Reilly, adotará bem cedo a nova visão. Nesse sentido, será um dirigente emblemático dos anos 1980. Mais que acompanhar a revolução neoliberal e a globalização, atuará como um de seus motores.

Amigo pessoal do presidente Reagan, O'Reilly oferecerá ao neoliberalismo o seu toque de ketchup.[77] Um molho que, sob a presidência de Reagan, passaria a ser qualificado como legume. Tendo reduzido em 27 bilhões de dólares o orçamento de programas sociais do ano 1982, Reagan faz os fundos dedicados à merenda escolar serem amputados em um bilhão. Para possibilitar esses cortes, o secretário de agricultura dos EUA evoca, em 3 de setembro de 1981, a ideia de passar o *status* do ketchup de "condimento" a "legume", para permitir às cantinas escolares suprimirem, na alimentação das crianças, uma porção de legumes frescos ou cozidos. A ideia provoca uma onda de indignação pública e acaba não prosperando – o que não impede que a pizza seja considerada hoje, nos menus escolares americanos, como um legume.

"Tony ainda é uma criança, ele só tem 50 anos, mas, no meu ponto de vista, daqui a mais alguns anos será velho o suficiente para fazer campanha", declara Ronald Reagan, na Casa Branca, em mensagem de vídeo dirigida em 1986 a um clube de empresários americanos-irlandeses. No segundo mandato de Reagan, o campo republicano estuda integrar O'Reilly ao gabinete presidencial e nomeá-lo secretário do Comércio.

"Tony é um grande americano-irlandês, um homem que ganhou reconhecimento nos dois lados do mar da Irlanda. Nós todos temos [com ele] uma dívida pelo trabalho que fez, seja na carreira internacional de jogador de rúgbi, seja por sua participação num grande número de mídias ou no negócio mundial", acrescenta Reagan em sua mensagem.

Outra figura de proa do Partido Republicano foi Henry John Heinz III, bisneto do fundador do gigante do ketchup: eleito para o congresso de 1971 a 1977, passa a ocupar uma cadeira no senado. Na ocasião de sua morte num acidente de avião em 1991,* o presidente republicano George H. W. Bush vai pessoalmente à cerimônia de seu funeral e, na "Heinz Chapel", igreja em estilo gótico no centro de Pittsburgh, presta suas homenagens. Seus restos jazem, desde então, no mausoléu familiar, ao lado dos de seu bisavô, Henry J. Heinz, de seu avô, Howard Heinz, e do pai, Henry John "Jack" Heinz II.

III

Embora os detalhes dos serviços prestados pela Kissinger Associates à Heinz nos anos 1980 ainda estejam envoltos em sombras, Tony O'Reilly declarou sem pudores, em entrevista ao *The New York Times* em 1986, que Henry Kissinger introduziu a empresa na Costa do Marfim; ele arranjou um encontro pessoal entre o executivo e o presidente Félix Houphouët-Boigny. Isso ocorreu um ano após a conclusão de outra *joint venture*, ligando a Heinz à República do Zimbábue,[78] no escopo de um acordo concluído entre Tony O'Reilly e Robert Mugabe,[79] então

* A viúva do senador Heinz, Teresa Heinz, casou-se novamente quatro anos depois, em 1995, com John Kerry, 68º secretário de Estado dos EUA.

primeiro-ministro do país africano. "Nós consideramos a Heinz um importante parceiro e também um exemplo a ser seguido para outros investidores estrangeiros. Estamos muito contentes que a Heinz venha ao Zimbábue com uma perspectiva de desenvolvimento", entusiasmava-se, na ocasião, Robert Mugabe, "já que o negócio contribuirá para a melhoria do nível de vida de uma grande parte da população de nosso país", concluía.

Tony O'Reilly partilhava do mesmo sentimento: "Nossa experiência no Zimbábue é excelente", dizia na época. "Estamos felizes com esse investimento e com a via construtiva e solidária aberta pelo governo em relação à Heinz."

Assim, em 1992, o faturamento da multinacional foi bem diversificado: 64% na América do Norte, 28% na Europa e 8% no resto do mundo. A entrada da Heinz nos mercados internos russo, chinês e tailandês é acompanhada de grandes seminários "científicos", organizados pelo Heinz Institute of Nutritional Sciences [Instituto Heinz de Ciência Nutricional].[80] Cientistas e representantes dos órgãos de saúde pública participam desses congressos, cujo objetivo é coroar a Heinz com uma aura de respeitabilidade científica. Imagem que, em paralelo, é construída pela Heinz Company Foundation Distinguished Lecture [Conferência Distinta da Fundação da Heinz Company], que organiza grandes conferências internacionais. Homens de Estado, remunerados por suas palestras, anseiam por essas manifestações, que garantem bons nacos de prestígio. Nelson Mandela foi um de seus conferencistas.

No entanto, embora o site da filial chinesa da Heinz traga uma linha cronológica com um infográfico em forma de girafa, mostrando sua gloriosa história oficial ao internauta, as datas das promessas não cumpridas pela Heinz estão ausentes. Depois de submeter os alimentos da empresa a testes num laboratório alemão, o Greenpeace declarou, por exemplo, ter descoberto arroz geneticamente modificado numa usina de Guangzhou, cidade que abriga a sede chinesa da multinacional. Era, segundo o Greenpeace, uma estreia mundial: jamais antes um organismo geneticamente modificado (OGM) havia sido detectado num alimento destinado a bebês.[81] Num comunicado, a Heinz respondeu ao Greenpeace que, após realizar seus próprios testes, nenhum traço de OGM havia sido detectado. Mas confessou, ao mesmo tempo, não ter condições de indicar a proveniência do arroz em questão.

Dois anos mais tarde, no ápice do escândalo do leite contaminado que matou vários bebês chineses, a Heinz China foi atingida em cheio, depois de outros gigantes agroalimentares serem afetados. As autoridades do país anunciaram ter descoberto taxas de melamina superiores à norma autorizada nos produtos Heinz destinados ao consumo por bebês.[82] A Heinz decidiu recolher de imediato os lotes com qualquer traço de melamina e, depois, declarou não mais se abastecer de leite em pó chinês. Mais de 94 mil casos de intoxicação foram, então, reportados extraoficialmente pela agência Reuters, enquanto Pequim, por sua vez, censurava metodicamente os escândalos mais emblemáticos dos derivados do modelo agroindustrial chinês.

Em 2013, as autoridades locais obrigaram a Heinz a fazer novos *recalls* de produtos para bebês, dessa vez por uma contaminação por mercúrio encontrada em seus produtos.[83] Em 2014, após uma inspeção das autoridades sanitárias, a empresa retirou do mercado chinês outros alimentos para bebês que tinham, desta vez, teor excessivo de chumbo.[84] Os grandes seminários científicos sobre a segurança alimentar tinham fracassado.

IV

Em meados dos anos 1970, simultaneamente ao seu desenvolvimento internacional, a empresa decidiu reduzir de forma draconiana o número de unidades, fosse nos Estados Unidos, no Reino Unido ou na Austrália: esse número é dividido por dois entre 1975 e 1980, período no qual milhares de licenciamentos fazem despencar o número de empregos (o corte médio é de um emprego a cada cinco).[85] A direção opta por uma produção "de menor custo", a qualquer sacrifício social. A Heinz passa a concentrar a fabricação nas unidades maiores, as "megausinas" – ruptura radical com a política paternalista dos velhos tempos.

Em 1982, a Heinz fatura 3,7 bilhões de dólares, com 36.600 empregados. Dez anos mais tarde, o capital tinha rendimento ainda maior, sempre com menos trabalhadores: em 1992, 35.500 empregados garantiram um faturamento de 6,6 bilhões de dólares. Nos anos 1991 e 1992, mais uma grande reestruturação: a Heinz se retira do setor de matérias-primas. Suas fábricas que produziam amido de milho, glicose ou isoglicose são descontinuadas; para substituí-las, uma rede mundial de compra centralizada de matérias-primas é criada na estrutura da companhia, tendo como objetivo comprar o necessário à produção ao preço mais baixo possível.[86] Como é o caso do concentrado de tomate.

Um escritório único de tomada de decisões, com rede de informações e poder de negociação, centraliza essas compras de matériasprimas a partir de então. Paralelamente ao achatamento dos custos aplicado em toda a empresa, o orçamento de marketing literalmente explode: de 200 milhões de dólares em 1992, passa a 1,2 bilhão anual, ou 18% do faturamento. O investimento em marketing, que sempre havia sido considerável na história da Heinz, atinge seu grande pico em 1992.

"Nós fizemos da Heinz uma empresa prodigiosa, totalmente globalizada", Tony O'Reilly se orgulha hoje. "Criamos estratégias em escala. A Heinz deve persistir em seus esforços para que suas marcas sejam sempre a primeira escolha do consumidor do mundo inteiro, em todos os lugares do planeta. Hoje e por todas as gerações vindouras."

De 1983 a 1993, quem quer que reinvestisse os dividendos anuais de suas ações da Heinz em novas ações da companhia realizava um aumento de seu capital em 20,6% ao ano.[87] Ou 551,5% em dez anos. "A história da Heinz é instrutiva e estimulante", diz Henry Kissinger. "A liderança de Tony O'Reilly é um estudo de caso sobre o que significa uma boa gestão. Agora que, cada vez mais, as novas gerações de consumidores chegam ao mercado mundial, a Heinz continua a representar um ideal duradouro, rico em promessas."[88]

The Sun is but a morning star.
Henry David Thoreau,
Walden (or Life in the Woods), 1854.*

Placa da fábrica Morning Star,
Williams, Califórnia

* "O Sol é só uma estrela da manhã", *Waldo – Ou A vida nos bosques.*

CAPÍTULO 11

I
WILLIAMS, CONDADO DE COLUSA, CALIFÓRNIA, ESTADOS UNIDOS

ESTRATEGICAMENTE CONSTRUÍDAS AO longo de uma estrada de ferro, as instalações industriais são anunciadas por uma parede alta formada por caixas de madeira de cerca de um metro cúbico, contendo, cada uma delas, uma bolsa asséptica de uma tonelada curta* de concentrado de tomates.

A partir da estrada que dá acesso à usina, o alinhamento dessas caixas, que aguardam expedição, estende-se a perder de vista por vários quilômetros. Na entrada, grandes caminhões rebocando caçambas duplas de tomates promovem um balé incessante. As cabines dos *cargas-pesadas* abandonam seus enormes reboques e, em seguida, engancham-se a outras cargas. Parecem uma colmeia, na qual os zumbidos provêm não de abelhas, mas de monstruosos veículos norte-americanos, estrelas do espetáculo da civilização.

O automóvel de Chris Rufer os ultrapassa e entra no estacionamento dos empregados, onde estão paradas picapes gigantes. O homem

* *Short ton*, "tonelada curta": unidade de medida utilizada nos Estados Unidos. Representa 2 mil libras, ou 907,18 kg.

é grande, seco, com um olhar de azul profundo que parece o tempo todo calcular alguma coisa. Suas botas pretas não são típicas de quem fez fortuna.

Esse magnata do tomate é o homem mais poderoso do setor no mundo inteiro. Sua empresa, a Morning Star Company, produz 12% do concentrado de tomates do planeta: é a líder da indústria vermelha. Sozinha, a empresa cobre 40% da demanda dos EUA em extrato de tomate industrial e também de tomate picado. O faturamento da Morning Star é de 700 milhões de dólares anuais, com apenas 400 empregados distribuídos por três fábricas: as três usinas mais potentes do mundo, cuja capacidade acumulada permite transformar mais de 2,5 mil toneladas de tomates por hora. Duas estão no Vale de San Joaquin, no Condado de Merced, Los Baños, e em Santa Nella, ao sul do Vale Central da Califórnia – uma das mais importantes zonas de agricultura intensiva da Terra. A terceira, a maior usina do mundo, é aqui, em Williams, a norte do Vale Central, não muito longe de Sacramento.

Depois de me entregar o capacete de uso obrigatório e uma blusa branca, o patrão indica o caminho, à frente, repleto de imensos tanques dourados. Ele percorre a usina, sobe uma grande escada metálica e abre uma porta que dá para um imenso céu azul-marinho. A instalação industrial é de dimensão titânica. Na usina Morning Star de Williams, a linha de produção começa no cume de uma colina artificial, pela estação de descarga de tomates. Se reservássemos um tempo para observar de longe, com a ajuda de binóculos, pareceria um brinquedo para crianças, mais exatamente uma dessas garagens em que pequenos carros guiados por mãos experientes sobem primeiro muitos andares e depois, uma vez no topo da estrutura, descem em disparada a rampa, o tobogã de saída.

Aqui, os caminhões tomam uma rota em sentido único, puxam as caçambas de tomates até o alto do monte artificial e entram na estação de descarga. Uma vez que o caminhão está estacionado numa vaga regulamentar, tubos retangulares móveis, sustentados por cabos, caem sobre as caçambas. Simultaneamente, suas escotilhas laterais são abertas por um operário. Outro trabalhador, à espera na plataforma elevada que permite observar o bom andamento da operação, aciona o sistema hidráulico pressionando um botão de comando.

Nesse posto californiano, ao contrário das fábricas italianas ou chinesas, a descarga de tomates foi automatizada. O empregado na plataforma exerce apenas um controle. Ele não sustenta mais uma mangueira, como em outros lugares do mundo. O método foi inventado por um empresário que pode, sem bajulação, ser apelidado de Henry Ford do tomate: Chris Rufer.

"Esvaziar o caminhão com jatos de água de uma mangueira? Esse método ficou no passado. Era lento demais!", explica do alto da plataforma, com um desses sorrisos que parecem sair de um anúncio pasta de dentes na TV. "Eu concebi sozinho essa usina."[89]

Para se tornar o líder mundial da indústria e nela fazer fortuna, o empresário organizou uma metódica "caça aos custos" e automatizou o maior número possível de tarefas. Procurou por todos os meios aumentar a produtividade, suprimindo o máximo de "funções inúteis" – em outras palavras, o máximo de postos de trabalho.

"Aqui, mesmo antes de os caminhões chegarem às estações de descarga, nós já começamos a enchê-las de água. Isso nos faz economizar 15 segundos por caminhão."

Processos como esse ajudam Chris Rufer a calcular bem rápido o ganho mensal de tempo adquirido: economizando 15 segundos por descarregamento, sua empresa irá poupar, só nesse posto, sete minutos por hora, ou o equivalente a "uma jornada de trabalho por estação", ele conclui. Essa técnica, a recarga de caçambas antecipada, é apenas um exemplo de economia entre muitos outros utilizados aqui. Todos os gestos, todos os trabalhadores, todos os postos necessários à transformação de tomates foram analisados por Chris Rufer, um descendente à altura dos engenheiros que conceberam a organização científica do trabalho. Hoje, suas usinas são as mais competitivas do mundo. O que não chega a ser motivo de orgulho para o chefe da Morning Star: "Eu sou obsessivo. Penso que podemos fazer muito melhor. Quanto mais observo, mais defeitos encontro. Ainda há muitas coisas para consertar, e muitas outras para aperfeiçoar. Acho que nós não fazemos as coisas tão bem assim. Ainda podemos fazer muito, muito melhor".

Trombas d'água inundam as caçambas. Por força da torrente, a massa de tomates é esmagada, escapa pelas escotilhas, deságua na direção dos "rios". Quantidades infinitas de tomates reluzem, se chocam, pulam, são arrastadas pela corrente e lançadas na fábrica, ao som infernal das máquinas.

"Sozinha, a Morning Star transforma tantos tomates quanto a China e a Itália juntas", informa o comerciante uruguaio Juan José Amezaga, um dos mais importantes negociantes da indústria vermelha. No passado, ele trabalhou para a gigante americana, comercializando seu concentrado californiano na Europa. "A Morning Star não recebe nenhum subsídio público, e isso não impede que ela seja a mais competitiva do mundo, hoje. No que se refere à indústria do tomate, se compararmos os modelos chinês ou europeu com o método californiano, percebemos rapidamente que o modelo da Califórnia, inteiramente estruturado a partir dos princípios da economia em escala, é, de longe, o mais bem equipado para enfrentar a guerra econômica que envolve os diferentes blocos comerciais. Isso ocorre porque os outros dois modelos, europeu e chinês, procuram se inspirar no padrão californiano." Ou, melhor dizendo, o modelo de Chris Rufer, que representa a mais recente evolução. O diretor do setor de tomates da Cofco Tunhe, Yu Tianchi, concorda: "Na China nós adotamos, dia a dia, o modelo mais produtivo, mais competitivo".

Com as caçambas esvaziadas, os caminhões deslizam em ritmo acelerado pela via de saída em sentido único e desaparecem em seguida numa estrada afastada, rumo a uma plantação de tomates. Outros veículos ocupam seus lugares. É assim dia e noite, 24 horas por dia, 100 dias por ano. A circulação de veículos é ininterrupta, pois a usina de Williams é abastecida de tomates que, em ritmo contínuo, vão chegando à cadeia de transformação.

Ao longo do percurso, os tomates também serão descascados, descaroçados, aquecidos, esmagados e passarão por um processo de evaporação. Os restos terminarão numa caçamba e servirão de alimento para o gado.

Após a extração da água das frutas, o concentrado de tomates está pronto para ser acondicionado numa bolsa esterilizada, que tomará a forma de um conteúdo mais robusto, adaptado ao transporte em contêiner.

Nos EUA, não é um barril azul de um quarto de toneladas, do tamanho de um barril de petróleo, e sim uma caixa de madeira de um metro cúbico. Os recipientes diferem, mas o procedimento e a finalidade são exatamente os mesmos. É graças a esses cubos de concentrado que os norte-americanos podem se deleitar com o ketchup Heinz, as sopas Campbell ou as pizzas Domino's.

II

Fruto de décadas de pesquisas obstinadas, o acondicionamento asséptico otimizado foi inventado pela Heinz Company. Graças à inovação, o tomate passou a ser uma matéria-prima autêntica, na forma de barris destinados ao comércio. A invenção do acondicionamento asséptico acelerou a globalização do tomate, permitindo sua conservação e seu transporte de um porto do globo terrestre a outro. Essa norma, adotada para todos, fez caducar o uso obrigatório e monótono de grandes latas de conserva metálicas, cujos defeitos eram muitos. Antes da "revolução asséptica", as usinas Heinz, como a Leamington, em Ontario, no Canadá, transformavam tomates em concentrado durante o verão e depois conservavam o extrato em imensos tanques a fim de permitir uma produção de ketchup durante o ano inteiro.

Foi em 1950 que um empregado canadense da Heinz imaginou outra solução.[90] Ele utilizou o sistema de sugestões por fichas, disponível na usina, e redigiu uma nota sugerindo que talvez fosse possível aplicar ao transporte de concentrado de tomates as mesmas técnicas utilizadas para acondicionamento de produtos líquidos de empresas farmacêuticas. Um engenheiro descobriu a ficha, a ideia lhe pareceu razoável, e ele reuniu especialistas para projetá-la.

No ano seguinte, em 1952, a fábrica Heinz de Leamington testou uma máquina capaz de encher ou esvaziar um tonel de concentrado, assim como as primeiras bolsas assépticas. O protótipo estava pronto para bombear dois galões* de concentrado por minuto. Três décadas mais tarde, a cadência se multiplicou por 100.

Em 1968, ano da invenção pela Heinz dos sachês individuais de ketchup distribuídos nas cadeias de *fast-food*, metade da produção de ketchup da marca já era realizada não mais a partir de tomates frescos colhidos e transformados no início da produção, mas com a ajuda de concentrado estocado em barris assépticos ou tanques.

Os barris e a caixa asséptica ofereciam uma flexibilidade nova: os produtores industriais poderiam mover e realocar à vontade a cultura de tomates industriais. Quando o uso de concentrado como ingrediente do ketchup e outros molhos passou a ser, nos anos 1970, a única norma da Heinz, a empresa já era uma das maiores multinacionais de alimentação industrial e a referência mundial na produção de concentrado.

Em 1980, a usina Heinz de Stockton, Califórnia, acondicionava seus concentrados em barris. Foi a primeira linha de processamento do mundo totalmente dissociada das linhas de produção "tradicionais", de onde saíam, durante o verão, frascos de ketchup, molhos ou sopas em lata. Essa fábrica Heinz era exclusivamente dedicada a uma só produção, acondicionando tudo num único tipo de recipiente: o barril de ouro vermelho.

As grandes multinacionais, como a Heinz Company ou a Campbell's Soup, transformavam no passado, elas mesmas, todos os tomates que entravam na composição de seus produtos acabados. À época, elas os conservavam em barris. A partir do novo modelo, esse concentrado em tonéis não precisava mais ser necessariamente produzido em suas próprias usinas.

Hoje, "logicamente", todo o setor de *agrobusiness* prefere se abastecer diretamente em tomates processados fornecidos por um "primeiro transformador", como os californianos Morning Star, Ingomar ou

* Um galão: 3,78 litros.

Los Gatos, com seus preços imbatíveis. Isso ocorre porque a Morning Star vende seu extrato para um grande número de multinacionais. Os barris assépticos ajudam a adaptar o tomate industrial às novas regras do jogo neoliberal na globalização, ao dotá-lo de grande fluidez de circulação.

III

"A ciência descobre as leis da natureza que a indústria aplica para gerar harmonia e prosperidade", anuncia uma placa na fábrica Morning Star, em Williams. Seu modelo foi inteiramente concebido a partir de um princípio: fazer economias em escala, de forma a obter a maior queda do custo unitário do produto e, ao mesmo tempo, aumentar a quantidade produzida. A Morning Star está, hoje, em condições de oferecer às multinacionais do agronegócio preços que nenhuma companhia que comercialize molhos ou sopas, individualmente, seria capaz de prometer.

Sozinha, a Williams transforma 1.350 toneladas de tomates por hora, 24 horas por dia, 100 dias por ano. Verdadeira cidade metálica, digna de um romance de ficção científica, a fábrica é um imenso labirinto de tanques, tubos, canalizações e encanamentos de todo tipo. Encontramos uma incrível diversidade de instrumentos, manivelas, pistões, torneiras, manômetros, câmeras de controle e telas de computador.

Seria natural encontrar empregados, mas não os há. Ela está vazia, ou quase. É raro cruzar com um trabalhador: a maioria dos postos de operários e de chefias foi extinta e substituída por computadores. A maior usina do mundo de transformação de tomates gira com apenas 70 funcionários por rotação.

"Eu sou um anarquista. É por isso que não há chefes na Morning Star. Nós adotamos a autogestão", enfatiza Chris Ruffer. Uma "autogestão" que não permite que trabalhadores controlem o capital da empresa. Na ponta da alta tecnologia, o coração da Morning Star dispensa até as gerências: o patrão anarquista definiu e racionalizou o conjunto das tarefas. Aos empregados, basta entrar num acordo para dividi-las entre si – aquelas, claro, que ainda recaem sobre seres humanos.

Na sala de controle, vasta e com paredes totalmente cobertas por monitores, duas mulheres jovens, sentadas em cadeiras, examinam os números. "Viu?", diverte-se Chris Rufer. "Essas duas moças, contratadas para a temporada de verão, controlam a fábrica inteira! Se elas tiverem um problema, é só chamar o Jimmy, mas são elas as diretoras da usina!"

Essa automação levada ao extremo é uma escolha de Chris Rufer, que deriva de sua visão de mundo, seus ideais e suas opiniões políticas: ele é um libertário e trabalha para o advento de sua utopia, um planeta Terra onde os Estados terão desaparecido e o capitalismo, a propriedade privada dos meios de produção, o livre comércio, a ciência e a agricultura intensiva farão nascer uma sociedade em que as máquinas trabalham no lugar dos homens.

No alto das três usinas da Morning Star agita-se um estandarte com 13 estrelas. "Esta bandeira é totalmente legal, é uma bandeira dos Estados Unidos. É a bandeira revolucionária", exalta Chris Rufer. Trata-se de um testemunho às origens: a primeira bandeira dos Estados Unidos da América, cuja elite original era composta de negociantes, armadores e plantadores. Utilizada a partir de 1777, em plena Guerra da Independência, um ano apenas após a famosa Declaração da Independência, o estandarte conta 13 estrelas, que simbolizam a união de 13 colônias liberadas do domínio inglês.

"Nossa fábrica hasteia essa bandeira porque eu adoraria ver os Estados Unidos voltarem a adotar os bons valores segundo os quais as pessoas não devem ser prejudicadas, ou roubadas, seja por um governo, seja por um sistema de voto majoritário. É porque sou um libertário que essa bandeira se agita, e eu desejo que ela continue a nos inspirar. Ela lembra a todos de onde nós viemos", discursa o patrão.

Nos Estados Unidos, Rufer é uma importante liderança do libertarianismo. O nome da Morning Star vem de um verso de Henry David Thoreau, cujas ideias individualistas ele admira. O libertarianismo, "filosofia política" derivada do liberalismo, tem como pilares fundamentais a defesa absoluta do livre mercado sem qualquer tipo de entrave; a propriedade privada e os meios de produção; assim como a "liberdade individual". Nenhuma instituição, e muito menos o Estado, deve se opor ao desejo dos indivíduos de empreenderem e de se organizarem como eles bem entendem.

Todos os libertários concordam em rejeitar as intervenções do Estado, no domínio econômico, social ou militar. As regulações, a começar pelos impostos, pelo direito trabalhista ou pelas normas ambientais, são consideradas pelos libertários como lesivas aos interesses do indivíduo, a seu direito sagrado à propriedade. Conquistas que nada deve travar ou contrariar.

Nos Estados Unidos, o jornal libertário mais conhecido, *Reason Foundation*, cujo slogan é "Espírito livre e livre mercado", publica um relatório anual de privatizações a fim de caçar os últimos "bolsões" de serviços públicos que ainda escapam do livre mercado: esses vestígios são denunciados e apontados como candidatos à extinção.

Os libertários defendem a privatização total da economia. Para alguns deles, as forças armadas, a polícia, os bombeiros, a guarda florestal deveriam ser substituídas por milícias privadas, cujos serviços cada um teria a liberdade de contratar ou não, de acordo com suas necessidades.

Embora um bom número de libertários tenha afinidades com o Partido Republicano, esses fundamentalistas liberais não são conservadores: são industrialistas e individualistas que consideram que a "liberdade do indivíduo" deve ser total, sem limite nem restrição. Quer se trate de possuir ou utilizar uma arma de fogo, de consumir ou comercializar drogas, de vender o próprio corpo ou de utilizar a prostituição, de demitir assalariados ou, para o proprietário de um terreno, de iniciar uma atividade de extração mineral com alto potencial poluente, nenhuma restrição deve ser imposta àquele que empreende ou toca uma atividade. A "liberdade individual" é para os libertários um princípio sagrado, dentro do qual o direito à propriedade privada é um prolongamento natural.

Essa ideologia, oposta a toda forma de estatismo, estrutura-se em torno de uma defesa incondicional do capitalismo. Seguindo o preceito da escritora Ayn Rand, os libertários sustentam que "o egoísmo é uma virtude".

Chris Rufer é um influente financiador do Partido Libertário. Em 2016, ele destinou um milhão de dólares à campanha de Gary Johnson, terceiro candidato da eleição presidencial americana, que obteve a marca, histórica para o partido, de quase 4,5 milhões de votos, ou 3,29% dos eleitores. No dia de minha visita à usina de Williams, durante o almoço com Chris Rufer no Granzella's, um bar de *cowboys* decorado com ursos e cobras empalhadas – onde se vendem cartazes pró-armas e bonés com o slogan de Donald Trump, "Torne a América grande de novo" –, o magnata do tomate me falou de sua admiração pelo fundador da Escola de Chicago, o economista Milton Friedman, que ele conheceu pessoalmente: "Eu o encontrei várias vezes, pois nossas esposas eram amigas. Milton Friedman era uma pessoa excepcional, e eu devo dizer que raramente conheci alguém tão profundo quanto ele".

IV

LOS BANOS, CONDADO DE MERCED, VALE DE SAN JOAQUIN, CALIFÓRNIA

Na imensa plantação estendem-se a perder de vista arbustos cobertos de uma folhagem escura. Os frutos, de um vermelho intenso, chegaram à maturidade. Enquanto ela se aproxima, o barulho ensurdecedor cresce em potência acelerada. A enorme colheitadeira grita e engole mecanicamente, uma após a outra, as plantas que estão livres de estacas. Do tamanho de uma ceifadora tradicional, a máquina de colher opera a partir de sua proa um gancho laminado de um metro. O mecanismo corta o pé de tomates rente ao terreno e devora qualquer matéria vegetal: cipós, folhas, tomates, relva, pedaços de terra e até mesmo corpos estranhos, como pedras, gravetos, insetos e pequenos anfíbios.

Na Califórnia, nos maiores lotes de tomates do mundo, todos os frutos destinados à transformação, em dez megafábricas do ramo, são colhidos mecanicamente.

Decepado e ingerido, o pé de tomates é alçado e transportado para o interior da máquina graças a uma esteira composta de cabos metálicos. O tufo vegetal é violentamente sacudido, os tomates se desprendem e passam por uma segunda esteira, na qual são triados manualmente, sobre a máquina, por vários trabalhadores. É um posto de serviço extremamente penoso, pois obriga o agricultor a ficar de pé diante do mecanismo, num calor de verão, com o sol a pino, sentindo as vibrações da máquina, respirando a poeira e suportando um ruído brutal.

Mas por quanto tempo ainda o trabalho humano será necessário para a tarefa? Nos últimos anos, os seletores óticos de tomates se aperfeiçoaram bastante e começaram, aos poucos, a substituir os postos de trabalho. Todos os tomates que não são eliminados na seleção manual continuam seu percurso. São despejados para fora da máquina por um braço mecânico, para dentro da caçamba de um caminhão que se move em paralelo à máquina de colheita, a alguns metros da sua carroceria, na mesma velocidade. A colheitadeira mecânica cospe os tomates oblongos num jato contínuo. Pela parte de trás, ela vomita os restos: terra, galhos, tomates rejeitados, assim como o gás de escapamento de seus motores gulosos por energia.

A nossos olhos, o funcionamento da máquina de colheita parece simples. Sua adoção, contudo, é o epílogo de uma longa história social e de um intrincado trabalho de engenharia genética. Afinal, para fazer com que o tomate industrial se solte dos cipós e folhagens no momento em que são sacudidos dentro da máquina, foi necessário que os geneticistas realizassem uma revolução: eles tiveram, simplesmente, que inventar novos tomates.

V

As origens do atual modelo agrícola californiano têm relação direta com os seguidos fracassos dos imigrantes que, a partir de 1848, vindos do

Leste, chegam à região em plena Corrida do Ouro, esperando encontrar a sorte grande. A migração provoca uma explosão demográfica. Os recém-chegados se apropriam de terras e criam as primeiras grandes fazendas californianas. Eles precisam de mão de obra. Primeiro, recrutam nativos ameríndios. Depois, trabalhadores chineses, usados inicialmente para construir linhas férreas e escavar o fundo das minas. Com a conclusão das ferrovias e o esgotamento da maior parte das minas, no fim dos anos 1860 os chineses já trabalham em vastas explorações agrícolas californianas. Essa sequência histórica de apropriação de terras e de alistamento de uma mão de obra quase gratuita é o nascimento de um modelo agrícola inédito.

"Quantos crimes, guerras, assassinatos, quanta miséria, quantos horrores teriam sido poupados ao gênero humano se aquele que, arrancando as estacas ou tapando os buracos, tivesse gritado a seus semelhantes: 'Não escutem esse impostor [o proprietário rural]; vocês estarão perdidos se esquecerem que os frutos são de todos e que a terra não é de ninguém!', havia advertido, no entanto, Jean-Jacques Rousseau, um século antes...

Os imigrantes chineses da Califórnia – dentre os quais, no fim do século XIX, 95% são homens – tornam-se proletários do campo, capazes de trabalhar duro e sobreviver, apesar das terríveis condições de vida que lhes são impostas pelos proprietários de terras. Eles não têm os mesmos direitos dos cidadãos dos Estados Unidos da América: no "país da liberdade", são proibidos de se casarem com uma mulher branca.

Ao mesmo tempo que continuam a usar suas roupas tradicionais e suas tranças, esses "subcidadãos" são estigmatizados pela população californiana. Submetem-se ao trabalho mais árduo e são frequentemente utilizados como fura-greves, especialmente no setor da mineração. O crescimento do racismo contra esses homens deságua, em 1882, na declaração do Chinese Exclusion Act [Ato de Exclusão Chinesa], que interrompe a política de imigração de chineses.

Nas fazendas californianas, os japoneses os substituem. Eles também se tornam alvos de discursos e atos xenófobos. Com o surgimento do trator, considerado como a "mecanização agrícola" inaugural, as necessidades e o trabalho evoluem: os trabalhadores rurais californianos se tornam sazonais e nômades. Em 1924, um Immigration Act [Ato de Imigração] proíbe, desta vez, os japoneses de migrarem para os EUA. Durante a Primeira Guerra Mundial, em particular a partir de 1917, quando os homens jovens são convocados, os proprietários de terra recorrem a outra força de trabalho masculina, agora de origem filipina. Esses trabalhadores, por sua vez, serão seguidos em breve, em seu infortúnio, pelos mexicanos.

Em 1929, a crise econômica desencadeia uma vasta migração interna nos Estados Unidos. Fazendeiros brancos arruinados, em busca de um trabalho, chegam do Leste à Califórnia. Os donos de fazendas se beneficiam, então, de um grande exército de reserva e aproveitam para pagar, aos diaristas que exploram, remunerações abaixo do nível de subsistência destes.

O episódio ficou famoso, pois foi nesse contexto que o prêmio Nobel de literatura John Steinbeck descreveu, em seus romances, o grande painel social de sua Califórnia natal, na qual reina, entre os proletários das plantações, uma miséria horripilante. Os trabalhadores brancos, situados no ponto mais baixo da pirâmide social, são discriminados, por sua vez, pelo resto da população americana exatamente como foram as outras minorias vindas do estrangeiro antes deles.

Quando, em 1941, os Estados Unidos entram na guerra, a imensa reserva de mão de obra agrícola californiana semigratuita estanca bruscamente. Durante a Segunda Guerra Mundial, os grandes proprietários, sempre em busca de força de trabalho barata, pressionam a Casa Branca.

Em 1942, Franklin D. Roosevelt encontra-se com o presidente mexicano Manuel Ávila Camacho. Juntos, eles lançam o "Programa Bracero" – do espanhol, *bracero*, "aquele que trabalha com os braços". Inicia-se uma forte política de imigração legal que afetará 450 mil trabalhadores rurais, no conjunto dos anos que durou. Os produtores de tomates estão entre os grandes beneficiados. Nos anos 1950, é comum, nas colheitas de tomates, que todos os colhedores de uma plantação sejam recrutados por meio desse sistema.

Ainda que, em 1935, o Wagner Act [Ato Wagner] tenha permitido a constituição de sindicatos no setor privado dos Estados Unidos, ele não incluiu os trabalhadores agrícolas. Assim, nos anos 1950, o direito de se sindicalizar continua inexistente para os operários do campo. No momento em que cada vez mais trabalhadores rurais californianos se organizam e lutam para conquistar esse direito, os *braceros* são regularmente utilizados pelos fazendeiros californianos para furar as greves que eclodem.

Em 1948, enquanto trabalha na colheita de algodão, um jovem, César Chávez, vive a cruel experiência do fracasso da primeira greve da qual participa: ela é frustrada pela contratação de *braceros* prontos para vender sua força de trabalho por nada e para não aderir ao movimento. O programa de imigração legal é cada vez mais rejeitado pelos sindicalistas, não por ajudar os mexicanos a conseguirem emprego na Califórnia, mas por organizar e institucionalizar um *dumping* social permanente que, na queda de braços entre o trabalho e o capital, só beneficia os detentores deste último, e não os trabalhadores, dos dois lados da fronteira.

É com sua potência armada de imigrantes "reservistas" despolitizados que os proprietários de terras frustram, uma após a outra, as greves dos sindicatos. A opinião pública, assim como a classe política democrata, influenciada pelas posições dos sindicatos agrícolas da Califórnia, entende cada vez mais nitidamente que o programa de imigração só ajuda os ricos, proprietários e grandes multinacionais do setor agroalimentar.

Nascido numa família de fazendeiros mexicanos imigrantes, é na posição de sindicalista na Califórnia que César Chávez se torna o mais célebre ativista de direitos civis hispano-americanos. Em 1962, ele funda o United Farm Workers [União de Trabalhadores Rurais, ou UFW], um sindicato não violento, adepto da desobediência civil. Embora o grupo tenha sempre utilizado um modo de ação pacifista, suas lutas nos anos 1960 e 1970 foram duramente reprimidas e muitos de seus militantes, mortos em greves ou manifestações.

César Chávez não tinha absolutamente nada contra seus irmãos mexicanos que procuravam serviço na Califórnia, mas compreendeu rapidamente que o programa de imigração Bracero mantinha as remunerações sempre em baixa. Por isso, reivindicou sua revogação. Pouco depois da criação da UFW, o programa foi oficialmente interrompido, sob a presidência de John F. Kennedy: em 1963, após um último debate, o Congresso recusou-se a prorrogá-lo.

Os grandes proprietários rurais e as multinacionais, que haviam se mobilizado pela manutenção do programa, conseguem apenas um prolongamento de um ano. Em seu relatório anual aos acionistas, a Heinz Company critica a decisão. Para o setor de tomates, não está em questão pagar mais aos trabalhadores agrícolas. Um plano B se faz urgente, e é logo encontrado: chegou a hora de mecanizar a colheita.

VI

CENTRO DE RECURSOS GENÉTICOS DO TOMATE, UNIVERSIDADE DE DAVIS, CALIFÓRNIA

Prateleiras, recipientes plásticos e pequenos envelopes. O frigorífico, de uns dez metros quadrados apenas, não tem a pompa de um museu de artes. Apesar disso, é um lugar único no mundo, que abriga um tesouro inestimável. Acabo de entrar num dos maiores bancos de sementes de tomate que existem. Aqui, cuidadosamente etiquetada e classificada, dorme uma coleção de mais de 3.600 variedades – das selvagens, descobertas na América do Sul, aos tomates domesticados pelo homem, passando pelas variedades "mutantes", obtidas pela exposição à radiação.

A Universidade de Davis, nos Estados Unidos, é um local obrigatório na pesquisa agronômica. Próxima do Vale de Napa, famosa região de produção de vinhos californianos, em cujo desenvolvimento os pesquisadores da universidade trabalharam com dedicação, a Davis também inventa a agroindústria de amanhã.

Seu centro de recursos genéticos do tomate teve um papel crucial na indústria vermelha. O local leva o nome de Charles Madera Rick, antigo professor da instituição, que foi a autoridade mundial de seu tempo na biologia do tomate. Com a barbicha branca e um gorro eternamente preso à cabeça, inclusive em sua foto oficial no anuário da National Academy of Science [Academia Nacional de Ciência], esse Indiana Jones do tomate – ou biopirata, conforme a interpretação – passou uma boa parte de sua vida na América do Sul, entre 1948 e 1992, quando descobriu diversas variedades selvagens.

Charles Rick é incontestavelmente um "arquiteto do tomate".[91] Sem ele, os frutos da agroindústria que passamos a comer desde então – nas pizzas, no ketchup ou no molho de tomate industrial – não teriam boa parte das qualidades que os distinguem, graças a uma série de genes que ele descobriu nas amostras selvagens que recolheu.

Tendo como bacia originária a região costeira andina, no Noroeste da América do Sul – zona que hoje inclui Colômbia, Equador, Peru e o Norte do Chile –, os tomates que os astecas comiam ou os gêneros selvagens nada têm a ver com os tomates vermelhos dos anúncios da Heinz e da Campbell.

Tomates podem ser pequenos frutos verdes, às vezes violetas, amarelos ou cor de laranja, amargos, comestíveis ou não, capazes de crescer a até três mil metros de altitude, sem qualquer tipo de irrigação ou intervenção humana.[92] Após as primeiras expedições científicas na América do Sul do ilustre geneticista soviético Nikolaï Vavilov,[93] Charles Rick foi o segundo explorador a descobrir novas variedades e a se dar o trabalho de catalogar, dez anos mais tarde, os tomates selvagens em sua bacia de origem. Foi nas Ilhas Galápagos, que fazem parte dessa bacia e foram exploradas por Charles Darwin em 1835, que Charles Rick descobriu a variedade selvagem *L. cheesmanii*, dotada de um gene que lhe proporcionaria um brilhante futuro industrial: o gene *j-2*.

Em 1942, portanto, quando a reserva de mão de obra agrícola disponível na Califórnia se esgotou de uma hora para outra durante a Segunda Guerra Mundial, os programas de pesquisa já existentes no domínio da mecanização são conduzidos com uma certa urgência. Um membro do departamento de engenharia agrícola da Universidade da Califórnia, A. M. Jongeneel, encontra-se com um geneticista especializado em tomate, o professor G. C. Hanna, e lhe informa sobre a grande dificuldade técnica representada pela mecanização da colheita de tomates. É que as primeiras máquinas utilizadas no processo conseguem progredir bem no campo e cortar pés de plantas; mas, em seguida, a experiência inevitavelmente se transforma numa catástrofe. Os tomates se reduzem a uma papa abjeta, se misturam com a terra e se digladiam contra o mecanismo: a máquina massacra a colheita com a delicadeza de um tanque de guerra.

O engenheiro pergunta ao professor Hanna se lhe parece desejável – e eficaz – desenvolver geneticamente um tomate capaz de se adaptar à máquina. Isso lhe parece mais pertinente que tentar inventar uma máquina que se adapte aos tomates... A ideia encontra apoio.

No ano seguinte, o geneticista inicia suas pesquisas na Universidade de Davis e apresenta os primeiros resultados do trabalho em 1949. Dez anos mais tarde, em 1959, um protótipo de colheitadeira mecânica é construído e testado em campo, numa plantação. Nesse meio tempo, novas variedades de tomates são adotadas: a descoberta do gene *j-2* do tipo *L. cheesmanii* foi determinante. É a ele que se deve o sucesso da mecanização da colheita. De Xinjiang ao Sul da Itália, da Turquia à Califórnia, esse gene está hoje presente em todos os tomates industriais do planeta.

"Charles Rick descobriu a nova variedade em Galápagos", conta Roger Chetelat, atual diretor do Centro de Recursos Genéticos do Tomate. "Eram tomates cor de laranja, e Charles Rick, ao arrancá-los do solo, percebeu que os frutos se desprendiam com grande facilidade. Porém, depois de trazer esses grãos à Califórnia, ele não conseguiu semeá-los novamente. Plantava as sementes em vão – os tomates não cresciam. Modificou uma série de parâmetros, mas, a cada tentativa, fracassava.

"Um dia, veio-lhe a hipótese de que essas sementes de tomate de Galápagos talvez tivessem sido digeridas por animais na região antes de serem replantadas. Então, ele tentou repetir o processo com pássaros, mas também não funcionou. Enfim, teve a ideia de oferecer os grãos a tartarugas. O problema é que não é nada fácil encontrar na Califórnia tartarugas gigantes das Ilhas Galápagos...

"Foi quando Rick se lembrou de um amigo cientista, em Berkeley, que havia trazido alguns animais de uma visita às ilhas. Ele pediu que seu amigo alimentasse essas tartarugas gigantes com sementes de tomate. Um tempo depois, recebeu pelo correio grandes pacotes de excremento de tartaruga. Parece loucura, mas foi esta, no final, a solução perfeita. Alimentando as tartarugas com esses grãos e esperando o fim do processo de digestão, que dura duas semanas, Rick descobriu que a germinação das sementes era ativada. Assim, conseguiu replantá-las com sucesso, e o gene *j-2* revolucionou a indústria do tomate."

VII

Foi na Universidade de Davis que se desenvolveram, com dinheiro público, as primeiras máquinas de colheita de tomates. Em 1º de setembro de 1960, duas mil pessoas, entre as quais produtores, transformadores e banqueiros, assistiram a uma demonstração pública da máquina de colheita Blackwelder. No ano seguinte, 1961, foram colhidos mecanicamente os primeiros tomates industriais destinados ao consumo: 25 máquinas foram vendidas então e 0,5% da colheita californiana resultou do novo método. O professor Hanna apresentou uma nova variedade especialmente adaptada, a VF-145.

Quando, em 1963, o programa de imigração Bracero chegou ao fim, os capitais afluíram de uma vez para o setor de pesquisa, que viveu uma súbita aceleração. Em 1965, 20% da colheita foi mecanizada.[94] Em 1966, a mecanização da lavoura do tomate registrou um salto extraordinário: o percentual mecanizado da colheita chegou a 70%. Em 1967, o método já cobria 80% das superfícies cultivadas; a cifra do ano seguinte foi 92%, e depois, 98%. Até que, em 1970, todos os tomates industriais colhidos na Califórnia passaram pela máquina. Em apenas sete anos, os produtores conseguiram dispensar o trabalho de dezenas de milhares de agricultores sub-remunerados.

O trabalho manual não desaparece totalmente – dez empregados por máquina, em geral mexicanos, ainda são requisitados para dirigir o veículo e fazer a triagem dos tomates –, mas é reduzido ao mínimo. No final das contas, o progresso técnico permitiu ao capital livrar-se, a partir daí, da necessidade de fazer qualquer concessão à classe trabalhadora.

CAPÍTULO 12

I
NOCERA SUPERIOR, CAMPÂNIA, ITÁLIA

O MAPA, QUE ocupa toda a extensão da parede, é atravessado por curvas que ligam entre si todos os portos marítimos do globo terrestre. Grandes pontos simbolizam as estações de carvão, os postos de gasolina e os escritórios de comunicação comercial. Os consulados são indicados por bandeiras pretas para os britânicos e brancas para americanos. O papel envelheceu bastante em um século, produzindo um mundo fantástico: os mares e continentes são marcados por *dégradés* de marrom, amarelo-creme e verde mentolado; o Commonwealth, comunidade de nações que prestam fidelidade ao governo britânico, se estende até as colônias holandesas – os domínios coloniais espanhóis e belgas foram engolidos pelo império colonial francês.

À entrada do escritório de Antonio Petti, as grandes rotas comerciais do planisfério desbotado são aquelas percorridas por seus ancestrais a partir dos anos 1920. Depois de apertar a mão do mais importante comprador de concentrado da Europa, percebo em seu gabinete estatuetas altas da Virgem Maria e do famoso frade capuchinho de Puglia, o padre Pio, além de uma grande quantidade de troféus celebrando a fenomenal produção de conservas do grupo Petti. O escritório abriga várias fotografias, algumas tiradas na China, em 2001, com o general Liu...

Sobre um móvel, latas de conserva. Uma me chama a atenção: Gino. Sempre ela. A marca número um na África.

"A característica histórica da nossa empresa é sua orientação para a exportação", começa Antonio Petti, com um impecável sotaque napolitano.[95]

"As primeiras exportações da Petti foram feitas no início do século XX, para os Estados Unidos e a Inglaterra. Em seguida, a sociedade se desenvolveu na direção de outros países. Quando eu cheguei ao negócio, estendi nossas exportações ao mercado africano. Hoje a empresa representa 60% das importações de concentrado de tomates na Itália e exporta o equivalente a 4% da produção mundial. A Heinz é o maior comprador de extrato do mundo. Nós somos o segundo maior. Compramos 150 mil toneladas por ano, que reexportamos para 170 países."

Se, por um lado, o grupo outrora constituído por Antonino Russo foi vendido – o "rei do tomate" estando hoje morto –, por outro a empresa Petti se tornou uma peça vital para a geopolítica do concentrado. "No Iraque, conheci bem o segundo no comando do regime de Saddam Hussein, o ministro Tarek Aziz. E também sua irmã, que estava à frente da State Enterprise Corporation (SEC), empresa estatal que comprava os produtos de primeira necessidade. A mesma coisa na Líbia, onde eu tratava diretamente com membros da família Kadhafi. Idem para a Tunísia. Era difícil fechar contratos com esses governos, mas, uma vez feito, as quantidades de concentrado eram consideráveis. Para dar a você uma ordem de grandeza, a Líbia, com uma população de seis milhões, consome mais extrato de tomates que um país como a Alemanha, que tem cerca de 80 milhões de habitantes."

II

Na maior parte das feiras e mercados da África, as latas de extrato de tomate são decoradas com bandeirinhas tricolores da Itália. A pequena e adorável mascote em forma de tomate sorri para o freguês enquanto levanta seus óculos de sol. Seu nome é tipicamente italiano: Gino.

Destinada ao varejo, acondicionada em latas com conteúdo variando de 70 g a 2,2 kg, a marca Gino se tornou, em dez anos, a líder em concentrados de tomates vendidos na África. Do Mali ao Gabão, da Libéria à África do Sul, mais de 20 pontos vermelhos correspondem à constelação de seus mercados no continente, afixado no site da marca. Mercados que não se limitam à África: o sorriso Gino alcança o Haiti, o Japão, a Coreia do Sul, a Jordânia, a Nova Zelândia e muitos outros países. Hoje, o concentrado Gino é consumido por centenas de milhões de pessoas em todo o planeta.

No entanto, embora sua embalagem insinue que Gino é um pequeno tomate italiano, nem a lata de conserva nem o site indicam a proveniência exata do produto. Na verdade, a apresentação no site da marca convida o visitante a um jogo de adivinhação: "O duplo concentrado de tomate Gino é feito a partir de uma mistura única dos melhores ingredientes vindos de diferentes regiões do mundo. Ele é produzido numa das maiores unidades de processamento do planeta, utilizando a melhor tecnologia e garantindo a qualidade tradicional do seu extrato. Gino melhora o gosto de qualquer prato e faz de cada refeição uma festa".

Mas toda festa que se preze tem suas surpresas. Esse concentrado, "mistura dos melhores ingredientes", de fato vem de diversas regiões do mundo, por exemplo Xinjiang e o interior da Mongólia, na China. A segunda surpresa do extrato Gino está na nacionalidade do proprietário da marca, que assegura sua distribuição. Apesar de a peça de marketing apontar para uma suposta identidade italiana, esse gigante da distribuição de concentrado é indiano: Watanmal. Com sedes em Hong Kong e também em Tharamani, na região de Chennai (Índia), o grupo orgulha-se de contar com 530 milhões de clientes mundo afora.

A Watanmal tem um faturamento de 650 milhões de dólares por ano na distribuição de gêneros alimentícios, em grande parte graças à Gino. A sociedade explora igualmente uma segunda marca de concentrado de tomates, "concorrente": Pomo. As conservas Pomo são produzidas nas mesmas fábricas, com o mesmo concentrado chinês que compõe as conservas Gino.

A fim de promover seus tomates, a Watanmal não recuou diante de nenhum obstáculo. Além da organização de múltiplas campanhas de publicidade – em especial uma saraivada de comerciais televisivos ou de rádio, a publicação de encartes na imprensa e a compra de *outdoors* nas aldeias africanas –, a empresa comprou uma quantidade fenomenal de painéis publicitários dos quais é difícil escapar nos arredores dos mercados populares, principalmente em Gana e na Nigéria. É, na verdade, impossível viver em Gana sem ver diariamente os imensos painéis promovendo as grandes marcas de concentrado distribuídas no país. Ao chegar a Acra, a dez metros apenas da saída do aeroporto, eu dei de cara com um anúncio gigante da Gino – o primeiro de uma longa série no caminho para a cidade.

A Watanmal comunica-se também por intermédio do Gino Celebrate Life Fund [Fundo Gino de Celebração da Vida], uma fundação beneficente. Na Nigéria, onde a Gino conseguiu, após mais de dez anos de presença no mercado, dominá-lo e ameaçar a participação de vendas dos produtores de tomates locais, a fundação se dedica à "melhoria de vida": ela financia cirurgias de catarata. "Graças à Gino, eu agora posso cuidar de toda a minha família", exclama um beneficiário da operação num vídeo promocional, antes de passar a vez a outro usuário do programa: "Que Deus abençoe a Gino!". No vídeo aparecem, nos cantos superiores do monitor, o mascote e o logotipo com as cores da Itália.

A Watanmal divide hoje o mercado africano de concentrado de tomates importados da China com outras empresas, especulando sobre gêneros agrícolas nos países subsaarianos. A marca Peppe Terra, da empresa Chi Ltd, pertence ao conglomerado Tropical General Investment, especializado no negócio e na venda de alimentos, cuja sede fica em Dublin, Irlanda. As marcas de concentrado Taima, Tomavita e Tomato Fun são, por sua vez, exploradas pela empresa Noclink Ventures, que exporta minério para a Nigéria e importa desordenadamente, da China, tanto telefones celulares quanto concentrado de tomates, motocicletas, carros e bolsas femininas. A tais marcas se junta a Tasty Tom, presente em vários países africanos, explorada pelo grupo Olam, de Singapura, principal concorrente da Gino.

Com onze bilhões de dólares de faturamento anual, o Olam é um gigante mundial da corretagem e da intermediação de gêneros alimentícios, exercendo muitas de suas atividades na África: está presente nos setores do azeite de dendê e de exploração de madeira, bem como na indústria de moagem.

Concentrado de tomate, massas, maionese, biscoitos, arroz, leite em pó, óleos alimentares... O grupo Olam, que emprega mais de 56 mil assalariados de 70 nacionalidades, é um gigante do agronegócio na África, que extrai lucros colossais da alimentação dos africanos. Suas latas de concentrado Tasty Tom também estão cheias do concentrado chinês de baixo custo de produção.

III

"Gino é uma ideia da Watanmal", explica Antonio Petti. "Eles contrataram um designer californiano, que se inspirou nas latas de conserva italianas dos anos 1960 e criou esse pequeno tomate estilizado com as cores da Itália. A Watanmal me contatou pedindo que produzisse para a marca, o que nós fizemos durante quase dez anos. Ainda me lembro de nossa primeira exportação do concentrado Gino: eram três contêineres. Com o tempo, a marca se tornou nosso maior cliente. Chegamos a atingir volumes de exportação de 3,5 mil contêineres por ano."

No fim dos anos 1990, algumas empresas napolitanas já detêm o monopólio do mercado de importação de concentrado na África. Nessa época, a China começa a se equipar de usinas de transformação de tomates, e Nápoles importa quantidades crescentes de barris de ouro vermelho, retrabalha a matéria-prima, enlata o produto e o reexporta para o mundo inteiro, sobretudo para a África. A Gino, marca de sonoridade italiana, acondiciona sua mercadoria na Itália: isso permite à Petti e à Watanmal escoar quantidades absurdas de concentrado chinês para o continente. Em 1997, das 114.549 toneladas de extrato importadas pela África, 90 mil foram expedidas por Nápoles. No mesmo ano, a China envia apenas 1.400 toneladas de concentrado diretamente para o continente. Cinco anos mais tarde, em 2002, os napolitanos exportam 222.751 toneladas para a África, grande parte com o produto chinês reprocessado. Durante muitos anos, a Chalkis e a Cofco Tunhe abasteceram seus parceiros napolitanos. Mas, pouco a pouco, os apetites foram se aguçando...

Começando pelo general Liu. "Na época, eu entendi bem rápido que o concentrado de tomates chinês fazia uma viagem inútil até a Itália antes de chegar à África. Então, um dia, pensei que nós da Chalkis podíamos pôr nosso extrato de tomate em conserva em Tianjin, numa fábrica, e exportá-lo diretamente..."

O vento muda de direção para os napolitanos: em 2004, o general Liu manda construir uma megafábrica de conservas em Tianjin, a Chalton Tomato Products, com capacidade de acondicionar anualmente cem mil toneladas de concentrado.

"Foi nessa época que o general Liu veio me ver em Nocera", recorda-se Antonio Petti. "Ele não mencionou para mim o fato de que havia decidido produzir a Gino no meu lugar. Veio simplesmente recolher informações. Depois de sua visita, ele foi ver a Watanmal, distribuidora da Gino, e propôs a eles preços melhores. Devo confessar que o fato de não ter assegurado minha produção de concentrado Gino foi o maior erro da minha carreira. O general Liu havia sido um parceiro importante a princípio, mas, da noite para o dia, se tornou meu maior concorrente."

Assim, no fim dos anos 2000, segundo a vontade do general Liu, a Chalton se torna a fábrica de conservas mais importante de Tianjin. Uma nova peça de artilharia no arsenal da Chalkis, permitindo ao gigante chinês transportar seu concentrado à África sem desvios nem escalas. Nesse período, os operários e as máquinas dessa usina não produziam só as conservas Gino. A fábrica enchia suas latas também com várias outras marcas distribuídas pelo mundo. No Marrocos, por exemplo, as marcas Cheval d'Or e Délicia fazem encomendas ao general. Proprietárias de duas empresas concorrentes de capitais distintos, ambas disputam o mercado nacional. No entanto, os grupos que as detêm se abasteceram do mesmo fornecedor, o implacável gigante Chalkis.

"O mercado africano, dos anos 1950 até os anos 2000, foi quase sempre exclusivo dos italianos. Nós éramos absolutos", acrescenta Antonio Petti. "Depois os chineses fizeram sua aparição no mercado mundial. Você entendeu, primeiro produzindo apenas a matéria semitrabalhada, que nós importávamos para a Itália para reprocessar e exportar. Mas quando os chineses compreenderam que havia um caminho suplementar, que nós comprávamos para retrabalhar e mandar para a África, eles tiveram a ideia de fazê-lo diretamente, superando nosso duplo processo com um transporte suplementar. Eles queriam utilizar suas vantagens competitivas também, principalmente seu custo de trabalho muito mais baixo que o nosso, e sua energia mais barata. E vieram nos desafiar nos mercados africanos."

Resumo da ópera: em 2013, na África, dos 748 milhões de dólares de importações de concentrado de tomates, as fábricas de conserva italianas expediram um quarto – 141.669 toneladas –, principalmente concentrado de reexportação... Contra três quartos da China – 447.540 toneladas –, o que corresponde a mais de 70% do mercado do produto na África.

IV

No laboratório da usina Petti em Nocera, sou apresentado a uma laboratorista. Meu guia, o diretor técnico da unidade, pede que ela me faça uma demonstração da taxa de Brix* do concentrado. Depois, passamos à colorimetria. "Os países europeus têm hábitos culturais diferentes",

* A escala de Brix é uma medida que permite definir o percentual de matéria seca solúvel de um fruto. O grau Brix (°B) é seu índice de concentração, medido com a ajuda de um feixe de luz produzido por um refractômetro. O nome vem de seu inventor, o engenheiro e matemático alemão Adolf Ferdinand Wenceslaus Brix (1798-1870).

ele explica. Na realidade, está querendo falar dos hábitos dos clientes de Antonio Petti, os compradores de grandes marcas. "Alguns países querem um concentrado muito escuro, outros preferem um extrato muito vermelho e claro. Na França, por exemplo, é uma coloração entre os dois extremos. Por isso, misturamos diferentes extratos a fim de obter o que cada um de nossos clientes deseja."

A explicação é cômoda: pelo que diz o diretor técnico da fábrica, as misturas de concentrados seriam apenas uma maneira de satisfazer os consumidores europeus em função de suas "cores preferidas". Na verdade, trata-se de realizar misturas de diferentes qualidades de concentrado, com o objetivo de dar vazão a extratos de qualidade medíocre combinados aos de melhor qualidade. É assim que uma lata de concentrado barato vendida num supermercado europeu pode conter uma mistura de origens diferentes, na qual a pasta chinesa pode ser misturada à espanhola ou à californiana, o que garante preços mais baixos a produtos de grandes marcas.

Num armário do laboratório, avisto uma série de arquivos em pastas. "Elas contêm o histórico da matéria-prima que nós transformamos na usina. É com elas que organizamos nossa rastreabilidade", expõe o diretor enquanto retira do armário, ao acaso, um arquivo recente. As páginas, que trazem as procedências do concentrado, vão sendo folheadas. Ele escolhe uma voluntariamente, indicando que os concentrados vêm todos da Califórnia. Eu mesmo tomo a iniciativa de checar o calhamaço: "Xinjiang, China" aparece diversas vezes, preenchendo páginas inteiras.

Dispor da rastreabilidade de um concentrado californiano não é muito difícil, pois os lotes são imensos, os produtores, pouco numerosos e a organização do trabalho, totalmente informatizada: basta enviar um e-mail indicando o número de lote à empresa e ela fornecerá, em poucas horas, informações sobre o concentrado em questão. Já quando se trata do extrato chinês, é outra história... Em seus milhares de microlotes em Xinjiang, disseminados em toda a região, pequenos produtores cultivam pedaços minúsculos de terra, de uns poucos *Mu*. Sobre as plantas, borrifam generosamente pesticidas usados também em girassóis e na cultura do algodão, frequentemente cultivados nas proximidades. Por isso todos os produtores industriais do ramo sabem que é extremamente difícil fazer o rastreamento na China.

Ao sair do laboratório da usina Petti, vamos para o início da linha de produção, onde operários instalam barris de importação: máquinas bombeiam o extrato e o injetam no circuito de alimentação. Em seguida, o triplo concentrado é reidratado em tanques, a fim de produzir o "duplo". Aqui, ao contrário da usina Petti da Toscana, nenhum tomate italiano é processado. A Nocera se contenta em retrabalhar matérias-primas de origens distantes, cuja procedência depende da flutuação dos preços no mercado mundial, assim como das taxas de câmbio.

Nos depósitos da fábrica, tomo nota dos nomes mais conhecidos, entre as marcas de grande distribuição europeias, nas latas de concentrado. Aqui, as conservas falam todas as línguas e se distinguem por suas embalagens. Quanto a seu conteúdo, é o mesmo, igualado pelas leis do mercado mundial que se autorregula. As grandes marcas que os comercializarão serão, em breve, chamadas de "concorrentes", dispostas nas prateleiras dos mercados, quando, na realidade, são apenas uma mesma mercadoria produzida por uma mesma usina, com seus métodos draconianos.

O espetáculo desse estoque, destinado a atender à demanda europeia, revela um dos paradoxos do capitalismo, que ele se esmera em não divulgar: na Europa atual, no espaço da concorrência "livre e justa" onde se exerce a livre circulação de bens, o consumidor está escolhendo, nessa gama de produtos que é o concentrado, entre grafismos sabiamente elaborados por serviços de marketing, que apenas raramente informam o caminho de sua viagem.

O que foi feito, então, da "liberdade" de escolha do consumidor? Essas latas, espalhadas pela cadeia mundial, são também metáforas do capitalismo. No tomate industrial, os monopólios se constituíram. Nas duas últimas décadas, a produção, orientada exclusivamente pelos interesses do capital, não deixou jamais de mirar nos alvos da massificação. Empresas como a Petti tornaram-se gigantes de um poderio espantoso.

Ao fim de um processo de concentração, feito de economias de escala, as megausinas produzem hoje um tipo de mercadoria acondicionada numa multiplicidade de embalagens. Entretanto, é exatamente a mesma lata contendo o mesmo produto que será consumida no mundo inteiro.

A variedade de embalagens mantém viva a ilusão da livre escolha. Este é o capitalismo: na aparência, leva ao consumidor a promessa de "diversidade", "concorrência" e "liberdade", mas, no mundo real, serve apenas a interesses particulares. Por quanto tempo mais teremos que aceitar consumir produtos opacos? Uma vez que a indústria é um poder, por que não deveria ser controlada pelos contrapoderes da democracia?

CAPÍTULO 13

I

TIANJIN, CHINA

SOB UM CÉU turvo, esbranquiçado, se estende a estrada em três vias que leva à fábrica de conservas. A pista mais à esquerda é propícia à circulação de carros novos, sedãs, cupês e 4x4 de todos os tipos. A segunda faixa de asfalto é reservada aos caminhões de mercadorias, aqueles que saem ou voltam de uma usina ou de um terminal portuário. A terceira e última via, a mais lenta de todas, é percorrida pelos retardatários: triciclos ou bicicletas remendadas, veículos caindo aos pedaços, bicicletas elétricas guiadas por operários sem capacete. Ricos ou pobres, da primeira à última faixa, todos vão e vêm ao longo de imensos blocos de edifícios idênticos, muitos deles inacabados, exibindo ainda as armações de ferro oxidadas da obra.

"Tianjin Jintudi Foodstuff", dizem as letras douradas sobre um arco de pedra, dando a falsa ideia de ser ali a entrada principal da empresa. Na verdade, o grande portão cintilante e espalhafatoso serve apenas de cenário para as cerimônias oficiais ou de fundo para fotografias que ilustram folhetos comerciais. É por outro acesso que se entra na instalação industrial, ao longo do qual estacionam, inclinadas, as motocicletas dos empregados. Atrás da guarita do vigia, assim que a barra se eleva, revela-se a zona de expedição de mercadorias.

Aqui, todos os dias e noites, homens suados enchem contêineres com caixas de papelão contendo pequenas latas de conserva vermelha. O calor é brutal. Muitos trabalham com o torso nu e usam sandálias de plástico. No momento em que uma pilha de caixas começa a ficar muito alta e eles não conseguem alcançar o topo do contêiner, a 2,6 metros do solo, o pessoal da manutenção improvisa uma escada com os próprios caixotes. Quando enfim o contêiner parece lotado até a porta – são seis metros de profundidade –, os trabalhadores empilham estrados a fim de constituir uma temerária escada de mão para atingir o teto e, na base da força, empanturrar ao máximo o recipiente de carga.

Pouco importam as recomendações do armador ou das autoridades portuárias: a ordem é que não se deixe espaço livre. De short, pernas nuas, em precário equilíbrio sobre uns seis ou sete estrados empilhados, os homens estufam os contêineres, correndo o risco de que uma prancha ceda ou balance sob o peso ou o movimento dos corpos – em 2015, na China, ocorreram 281.576 acidentes de trabalho, 66.182 deles fatais.

Uma vez que o contêiner está inteiramente atochado, não é mais possível fechar-lhe as portas de maneira convencional. É aí que intervém um empilhador especial, com as forquilhas reforçadas. O veículo avança sobre os umbrais teimosos do contêiner para lhes infligir a correção que merecem, forçando seus "chifres" impiedosos sobre as duas portas rebeldes, até que seu peso produza um choque retumbante. O contêiner é selado, marcado com um chumbo numerado. Em breve, estará a caminho dos grandes portos do mundo.

II

Alçado por uma grua, que um operário dirige com a ajuda de um controle remoto, o contêiner deixa a terra firme, sobe lentamente, por um instante parece flutuar (apesar de seu peso) e, por fim, aproxima-se do reboque do caminhão. Para ajeitar a posição da imponente caixa metálica no eixo, oito mãos, de quatro trabalhadores, agarram as pontas inferiores do recipiente para guiá-lo até que se encontre a apenas alguns centímetros do fundo do reboque. Quando é solto, o contêiner claramente esmaga os amortecedores e o eixo do veículo.

A usina de Jintudi fica a poucos quilômetros dos terminais portuários de Tianjin, décimo maior porto de mercadorias no mundo em tráfego,* onde se carrega ou descarrega todo tipo de produto. Hoje supervisionada e administrada diretamente pelo Poder Central, essa cidade estratégica, situada na confluência de dois rios que se abrem sobre um braço do Mar da China, foi pensada desde a alta antiguidade para ser o terminal de uma rota fluvial e um porto. No século VII ela se ligava às terras mais a norte e a leste por um "grande canal". Nas últimas décadas, suas rotas de abastecimento se multiplicaram e aumentaram consideravelmente a megalópole portuária com uma atividade transbordante. A cidade tem hoje 15 milhões de habitantes, o que faz dela a quarta mais populosa da China.

Em 2015, um terrível acidente industrial devastou Tianjin: a explosão de um depósito contendo milhares de toneladas de produtos químicos tóxicos, entre os quais 700 toneladas de cianureto de sódio. Com 173 mortos, dentre os quais noventa e nove bombeiros, e mais de 800 feridos, a catástrofe chamou a atenção do mundo para o posto crucial que Tianjin ocupa na geopolítica industrial e comercial do globo terrestre.

Estamos entre os poucos autorizados a pisar no solo dessa fábrica de conservas, onde se produz uma quantidade insana de latas de concentrado. A Jintudi aceitou abrir suas portas, indecisa entre a vontade de divulgar seu sucesso e a preocupação de preservar o mistério que acompanha a fortuna produzida por suas engrenagens.

No vestiário dos empregados, de frente para os armários metálicos, Ma Zhenyong, diretor da usina e braço direito da empresa, me entrega um par de sapatilhas de TNT, uma blusa branca, uma touca e uma máscara. Em seguida, me conduz por um labirinto de pequenos espaços sombrios. Passamos por um torniquete de ferro e percorremos

---

* 14 milhões de EVP, unidade de base do contêiner padrão (equivalente a 20 pés) em 2015.

um corredor estriado de luzes azuis. Uns cem passos adiante, o guia empurra uma pesada porta. O sopro potente e viscoso de calor nos atinge, acompanhado de um som explosivo. Uma avalanche contínua de latas de conserva escorre por entre as máquinas, iluminadas por tons amarelados de neon. Nuvens de vapor elevam-se no hangar, formando uma atmosfera espessa, escaldante. As latas desfilam no coração da estufa, infladas e fumegantes.

Ao longo da corrente, braços de trabalhadores se dobram, se tensionam, se esticam, cada vez que é preciso enrolar, desenrolar e acionar um tubo de limpeza, usar o rodo, reorientar e repor uma unidade que escapou do fluxo, controlar outra, fazer reparos num equipamento, deslocar uma carga, levantar uma caixa, transportar uma ferramenta, verificar a mercadoria ou empacotá-la.

Uns utilizam pequenos bonés brancos. Outros têm nas cabeças gorros muito finos no estilo *chapka*, que envolvem o cabelo e cobrem o pescoço e as orelhas. O chapéu industrial tipicamente chinês é costurado como um retângulo de gaze, deixando claro que nenhum dos operários utiliza protetores de ouvidos contra o ruído da fábrica, ficando com os tímpanos expostos ao estrondo das engrenagens e ao bombardeio contínuo produzido pelo choque das latas metálicas umas contra as outras.

Estas desfilam entre os trilhos na forma de pequenos discos vermelhos que correm num chiado estridente. Sobre uma primeira linha, trabalhadores e máquinas produzem o modelo da menor unidade de acondicionamento de concentrado de tomates: latas cilíndricas de 55 milímetros de diâmetro por 37 de altura, de 70 gramas. Uma segunda linha produz latas mais compridas, de 400 gramas. Coberto por um lençol de água salobra, o solo é extremamente escorregadio. Nas poças se diluem cores, respingos de concentrado que dão à cabeça de linha um aspecto de abatedouro.

A dois passos, um operador verifica de forma aleatória o peso das latas cheias numa balança fora de uso que não inspira qualquer confiança. A referência para a tara (peso da embalagem) é uma lata vazia, e os números que aparecem no monitor dão a impressão de que estamos assistindo a um sorteio de loteria. Estaria a enchedora automática com defeito? Ou o problema é com a balança? As duas coisas ao mesmo tempo?

Pouco importa. Imperturbável, o operário agarra as latas ainda escaldantes com a ponta dos dedos e, depois de pesá-las, devolve-as à linha de produção. Quando a esteira diante dele rompe subitamente um dos seus elos, o operador abandona de imediato a balança, grita alguma coisa agitando os braços na direção de um colega e depois se põe de joelhos sobre uma poça morna, para constatar os danos. O tapete paira, pendurado desoladamente, mas logo um técnico o socorre com uma peça de reposição. Depois de alguns minutos e de uma série de golpes de martelo numa dobradiça, seguidos de movimentos precisos de uma chave inglesa, a corrente de produção volta a girar. O tumulto recomeça. Centenas de latas de conserva acumuladas num amontoado, impacientes para se libertar, soltam-se de uma vez, como numa salva de metralhadora. A seladora automática gira novamente como um pião obeso. As pequenas latas fecham-se uma a uma. Sem parar.

No fim da linha, uma mulher apanha grandes chapas de papelão e as dobra somente com a força dos braços para confeccionar grandes embalagens. É necessário algum tempo para perceber, em detalhe, a exatidão e a ínfima precisão de seu gesto, pela rapidez com que o volume de papelão é transformado entre seus dedos. Tudo parece tão fluido, tão harmonioso... E, no entanto, toda expressão desapareceu do rosto dessa mulher, inteiramente entregue à tarefa: seu olhar é tão vazio quanto o papelão que ela manipula.

Quantos milhares de caixas ela já dobrou na vida? Há quantos meses, ou anos, faz os mesmos gestos, para construir a mesma caixa, sete dias por semana, sem folgas pagas? Como todos os operários daqui, ela mobiliza o que há de mais profundo em si para vender sua força de trabalho.

A usina gira em dois turnos. Os empregados se acabam sete dias por semana, 56 horas ao todo, por um salário que, uma vez convertido, fica próximo, segundo o senhor Ma, de 500 euros. Como? Devo acreditar? Os trabalhadores se recusam a responder à minha intérprete a respeito de seus salários. Uma coisa, porém, é certa: já faz muito tempo que os mingongs, esses migrantes vindos do campo no início dos anos 2000 para formar a primeira mão de obra, recebiam menos de 200 euros por mês. Mas nem o ritmo nem o espírito mudaram. Na oficina, todas as mulheres e os homens usam uma camiseta branca com a mesma inscrição em mandarim impressa nas costas. Alguns enrolam as mangas curtas até o ombro. Um desses, com os músculos salientes, a mandíbula quadrada, poderia ser o herói de um velho cartaz de propaganda maoísta: viril, resistente, determinado. Uma comparação anacrônica, pois esse homem sofre, hoje, como soldado do império do ouro vermelho, no coração do capitalismo de Estado chinês.

A Tianjin Jintudi Foodstuff é uma importante usina de recondicionamento de concentrado e seria "a segunda em Tianjin", de acordo com seu patrão, Zhang Chunguang, um ex-militar, feliz proprietário de um reluzente cinturão das forças especiais, de um lote de smartphones e de um imponente 4x4 preto novinho em folha parado no estacionamento. Diante da vaga reservada a seu veículo, ergue-se uma enorme rocha com o slogan gravado: "Combater em nome do progresso".

Nesta fábrica do Leste da China, a massa de concentrado de tomate vem de Xinjiang. A mercadoria atravessa o norte do país dentro de vagões e chega aqui depois de percorrer mais de três mil quilômetros, de oeste a leste. É parcialmente reidratada e acondicionada para a venda de pequenas latas de conserva no varejo. Os restos seguirão, por mar, para o resto do mundo.

III

A Tianjin Jintudi Foodstuff exporta por ano 50 mil toneladas de produtos, o equivalente a cerca de dois mil contêineres. A empresa, que emprega 140 funcionários, envia suas conservas a um grande número de países, como mostra a diversidade de marcas presentes nos seus depósitos. Suas latas em folha de flandres cheias de concentrado serão comercializadas na África, no Oriente Próximo ou na Europa.

"Raramente expedimos concentrado para a Alemanha e a Suécia", sublinha o patrão, Zhang Chunguang.

Na oficina, do outro lado da máquina que arruma automaticamente as conservas nas caixas de papelão, um operário desliza continuamente tampas de plástico entre as latas de 400 gramas de concentrado prontas para serem exportadas. Estas são destinadas ao Oeste da África. Alguns dos remotos consumidores, pobres demais para comprar uma latinha de 70 gramas, comprarão seu concentrado no varejo, embrulhado numa folha de papel, de um comerciante que lhe venderá uma colher a poucos centavos de euro a dose.

A tampa plástica que o operário dispõe entre as unidades nas caixas de papelão servirá para fechar novamente as latas de 400 gramas abertas nas barracas das feiras africanas, para que o produto não estrague muito rápido. Juntas, essas somas infinitesimais de dinheiro, essas incontáveis colheres africanas, representam um faturamento descomunal. E é assim que se estrutura hoje uma parte do mercado africano para populações mais pobres. A urgência do mercado, a pequenas colheradas...

IV

"Nós não podemos entrar nesta sala", avisa, de forma rude, o senhor Ma, apontando o dedo para a cortina de espessas faixas plásticas translúcidas, da qual me aproximo. Eu finjo surpresa, depois, indiferença, mas a adrenalina invade minhas veias. Por quê? No ateliê que acabamos de percorrer, ao longo das linhas de produção, já vistoriei todos os postos de trabalho: o do acondicionamento, o do enchimento das latas e o do selamento, passando pelo controle de peso e padronização, depois o de embalagem. Porém, ainda não avistei nenhum barril azul de triplo concentrado de Xinjiang: o estágio em que a matéria-prima é aspirada por uma grossa mangueira, depois injetada no circuito de transformação. Para um visitante desprevenido, pareceria que a linha começa com imensas máquinas de reidratação no fundo da usina – tanques arredondados parecidos com o satélite Sputnik, perfurados por pequenas janelas pelas quais se entrevê o vermelho da matéria-prima em vias de homogeneização: as famosas *bolas*, que praticamente não evoluíram desde o século XIX.

Eu pude sem dúvida ver as *bolas*, mas atrás delas se ergue uma grande parede de blocos de cimento. Na realidade, elas não constituem o início da linha de produção. Atrás da parede e, portanto, atrás da cortina de plástico que marca a entrada da sala proibida, encontra-se, sem dúvida, a estação de bombeamento, o lugar onde o conteúdo dos tonéis de triplo concentrado é aspirado para ser expelido nas *bolas*. De imediato, pressinto que algo diferente do comum acontece aqui. Nas *bolas* não é injetado só o conteúdo dos barris. Nos depósitos de estocagem, alguns minutos antes, notei, ao lado dos barris azuis, um grande número de sacos brancos empilhados. Uma das pilhas vinha com a palavra *salt* no rótulo; contudo, nem todos os sacos traziam "sal" como indicação.

Eu já havia sido prevenido dos maus hábitos chineses. Ao me recusar acesso à estação de bombeamento, o senhor Ma só aumentava as suspeitas que me chegaram aos ouvidos. Preciso, de qualquer jeito, entrar naquela sala, vencer a censura que proíbe cumprir uma etapa vital. Mas como?

Uma hora mais tarde, meu colega Xavier Deleu faz tomadas de vídeo do senhor Ma, retratando-o para o documentário que fazemos juntos. Eu observo o personagem, indo e vindo, caminhando ao longo dos barris, cumprindo todas as regras do jogo da apresentação e das aparências. Eu o observo, discreto como um gato que aguarda o instante propício para burlar a vigilância.

É agora. Saio do depósito apressadamente, passo diante das caixas de papelão, regresso em velocidade máxima pelo percurso até o início da linha, tomando cuidado para não escorregar... Dois minutos depois, puxo, enfim, a cortina plástica, transponho-a com a cabeça baixa e a reponho no lugar. No alto, à minha esquerda, percebo as costas de um operário atrás de uma pilha de sacos. O homem trabalha envolto por uma nuvem de pó branco. Está acima de um tanque altíssimo. Quando se vira para pegar outro saco, nossos olhares se cruzam. Ele usa uma máscara. Eu o cumprimento com um sonoro "Ni hao!" e aceno com a mão, esperando sua reação. Ele sorri e me saúda de volta. Tudo certo.

Subo as escadas até atingir a pequena plataforma em que se acumulam os sacos e cumprimento uma segunda vez o operário, que parece divertir-se ao me ver ao seu lado. Inclino a cabeça e descubro uma grande amassadeira mecânica... O trabalhador tem como missão esvaziar, ali, os sacos de pó branco: ele aditiva o concentrado, que será reidratado e posto em latas do outro lado da parede. Os rótulos das latas mencionam: "Ingredientes: tomates, sal".

Do que é feito o pó branco? Três tipos de sacos estão armazenados. Fibra de soja. Amido. Dextrose. A dextrose é um pó branco inodoro, fino e cristalino, com gosto de açúcar. Graças à sua extrema delicadeza, aumenta a mensurabilidade dos ingredientes aos quais é adicionado: é uma liga poderosa, que permite aglutinar o concentrado de tomates a outra coisa. Pela boca de uma mangueira, um líquido vermelho escorre no amassador. Pego meu telefone para filmar a cena e ter uma prova dessa prática. O amassador é ativado, e o pó, enxaguado com um filete de água vermelha, se transforma numa massa pastosa.

Desço as escadas, contorno o amassador mecânico e descubro, desta vez, quatro operários usando grossos aventais, máscaras e luvas de borracha. São encarregados de uma outra tarefa. Uns vinte latões repugnantes encontram-se alinhados atrás deles, com uma capacidade de cerca de 25 a 30 litros cada. Todos estão cheios de uma mistura opaca. Dois a dois, os empregados levantam e conduzem os latões a uma máquina, na qual são esvaziados. O conteúdo é injetado no sistema de alimentação: um líquido grosso, amarelo-cenoura. Com certeza, corantes.

Quando volto ao depósito, diante da câmara de Xavier Deleu, o senhor Ma continua a ir e vir ao longo dos barris, como um manequim que desfila numa passarela. Ele não percebeu nada.

V

Uma hora depois, enquanto interrogo o senhor Ma sobre a qualidade de suas conservas, ele me apresenta os certificados de qualidade e as honras obtidas pela sua empresa, a Jintudi: "Veja aqui nosso certificado ISO 9001, que nos permite vender no mercado doméstico. São documentos indispensáveis para uma empresa de produção alimentar. Nós conseguimos todas as certificações. Fomos também reconhecidos oficialmente como um dos grupos 'líderes de empresas agroalimentares' em Tianjin. Enfim, de acordo com o escritório de inspeção e de exames de mercadorias da alfândega chinesa, nós somos 'uma empresa de boa credibilidade'. São títulos que fomos obtendo pouco a pouco, ao longo dos dez últimos anos de nosso desenvolvimento. Isso nos deixa muito orgulhosos."

VI

Quando cai a noite, o senhor Ma e seu chefe nos convencem a ficar para jantar, numa ala do prédio cuja fachada traz em letras de ouro os dizeres "Pesquisa e desenvolvimento". Uma designação pomposa e sem o menor sentido, já que a instalação não abriga nenhum laboratório ou escritório de estudos, e uma vez que aqui, na usina, as pessoas se contentam em diluir e aditivar um concentrado de qualidade bastante medíocre para encher unidades, latas padrão de pequena e média capacidade que serão empilhadas e carregadas de qualquer jeito dentro de contêineres e embarcadas para uma viagem marítima de várias semanas.

Parte delas, que terá recebido choques violentos durante o transporte e manutenção, estará danificada. Uma ínfima quantidade de ar vazará para o interior, através do lacre. Com o calor do contêiner, o tempo de transporte por mar e o encaminhamento do porto de chegada até o atacadista, inevitavelmente algumas latas irão estufar-se ou explodir até atracar no porto de destino.

No vasto salão onde iremos jantar, duas mulheres pálidas, com os semblantes exaustos, colocam a mesa. Elas vão e vêm entre a sala de recepção e a cozinha, trazendo os pratos. O senhor Chunguang oferece bebidas. Traz um enorme latão de cerveja alemã que, é fácil adivinhar, foi oferecida por clientes germânicos. O patrão nos convida a degustar e apreciar o suco de tomate produzido na usina. "Sem fronteira nacional", indica a latinha, cujo conteúdo eu despejo num copo para observar a cor e a textura. Não posso evitar sorrir diante daquilo que estou prestes a beber, pois trata-se de uma bebida horripilante: marrom, ela carrega coágulos. Depois de decantada, uma película de óleo se forma na superfície. Ainda não provei o "suco", mas já compreendi que é um produto desenvolvido a partir de triplo concentrado reidratado. Um suco de tomate normalmente tem índices de água e matéria seca equivalentes aos de tomates frescos, espremidos na simples intenção de serem bebidos, e aos quais nada seria acrescentado.

Produzir "suco de tomates" a partir de um triplo concentrado é um completo absurdo. Além disso, um concentrado de boa qualidade é vermelho, e não escuro. Eu ainda não levei o copo aos lábios, mas já sei que o concentrado que serviu à elaboração desta bebida foi "queimado" na usina, no ato de sua produção em Xinjiang: superaquecido, o produto perdeu suas qualidades gustativas, nutritivas, e é por isso que assumiu esse aspecto lúgubre. A menos que o concentrado utilizado para produzir o "suco de tomates" tenha sido uma pasta de tomates envelhecida por muitos anos, o que não pode ser imediatamente excluído...

Fazemos um brinde à indústria do tomate. Sem surpresa: a bebida é terrivelmente ruim.

– Então? O senhor gosta de nosso suco de tomates? – pergunta o senhor Chunguang enquanto eu me esforço para engolir a mistura.

Guardo o líquido na boca por alguns instantes e, finalmente, me resigno a ingeri-lo.

– É formidável – respondo, fazendo um gesto positivo com o polegar.

– Fico contente que lhe agrade – continua o senhor Chunguang. – Pois iremos, em breve, exportá-lo – anuncia.

CAPÍTULO 14

I
SALÃO INTERNACIONAL DA ALIMENTAÇÃO, VILLEPINTE, FRANÇA

O EVENTO SE autoproclama "encontro mundial". "Inspire Food Business" [Inspire negócios alimentares], diz ainda seu slogan, nesta edição de outubro de 2016. Assistir ao grande ritual do *agro* globalizado que é o Salão Internacional da Alimentação (SIAL) obriga o visitante a atravessar imensos espaços totalmente urbanizados que levam ao Parque de Exposições de Villepinte. Depois, será preciso enfrentar longas filas de espera nas quais homens de ternos falam todas as línguas do mundo. Uma vez que você retira seu crachá de um balcão, passa a ser um dos 155 mil visitantes, dos quais 70% são estrangeiros, vindos de 194 países. Enfim, ganha o direito de penetrar numa colmeia gigante se quiser pesquisar os favos onde se situam cerca de 7 mil expositores.

O SIAL é o maior evento da indústria alimentar em escala planetária. Cerca de 40% dos estandes apresentam produtos semitransformados. Esse mercado, de produtos "intermediários" – ou seja, semiacabados –, está em franco crescimento. Ele junta num mesmo saco cubos de carne, farinha, aromas, corantes, conservantes e concentrados de tomate. Um universo subterrâneo, desconhecido do consumidor, em que se produz e se troca uma série de ingredientes cujo nome será, mais tarde, escrito no produto acabado em letras minúsculas, junto com as informações obrigatórias. Os "produtos alimentares intermediários" representam 25% do faturamento bruto da indústria mundial, algo em torno de um trilhão de dólares.

O "encontro mundial" reúne todos os anos o conjunto de tomadores de decisão e compradores do *agrobusiness*, de todos os ramos, misturados e confundidos. Entre os expositores estão todas as grandes fábricas de conservas europeias, em especial as do Sul da Itália. O salão é frequentado pelos maiores negociantes de concentrado, assim como por todas as companhias chinesas de peso do setor, sejam elas produtoras de barris de extrato ou donas de uma usina onde se faz o recondicionamento de massa de tomates em Xinjiang.

O SIAL tem a reputação de abrir acesso ao negócio de alimentos na África. Por isso é um encontro imperdível para os produtores industriais chineses. Para mim, é uma oportunidade dos sonhos para entender as estratégias comerciais das fábricas chinesas.

II

Em Tianjin, no coração da Jintudi, descobri que a usina "corta" seu concentrado de tomates com aditivos mais baratos que o tomate. Os *experts* me disseram estar cientes dessa prática chinesa. Mas ainda falta quantificar as proporções da mistura. Nesse sentido, o SIAL é uma bênção: todas as grandes fábricas de conservas chinesas têm um estande aqui. "Os chineses são muito presentes no SIAL, pois é um evento bastante frequentado por distribuidores africanos", explica o comerciante uruguaio Juan José Amézaga. "No agronegócio africano, esse lugar é uma passagem obrigatória."

Meu objetivo é simples: aproximar-me das fábricas de conserva chinesas e descobrir suas práticas comerciais na África. Para isso, preciso colher informações de seus vendedores. Mas como imaginar por um instante que eles falarão com franqueza a um jornalista sobre seus segredos?[96]

Por que uma usina de conservas chinesa confessaria que acondiciona outras coisas além de concentrado de tomate em suas latas?

É pouquíssimo provável. Então, decido seduzir as fábricas chinesas. Para tanto, elaboro uma história, que repetirei durante dois dias, estande após estande, a todos os chineses do setor. Minha estratégia funciona e rapidamente assume contornos do jogo Batalha Naval. Meu mapa do salão é coberto, primeiro, por círculos e, depois, por cruzes. Metodicamente, abordo um a um os estandes chineses, e deles recolho o máximo possível de folhetos e amostras.

III

"Vocês são especializados em latas de concentrado de tomate? Minha família tem interesses no Gabão, há três gerações. Lá nós fazemos muitos negócios, principalmente importação e exportação de conservas. Temos o desejo e a firme intenção de nos lançar no ramo de concentrados de tomates. Eu vim ao SIAL para me familiarizar com o setor e mapear minhas oportunidades. Onde fica a base de sua empresa na China? O que me propõem?"

Uma vez lançada a isca, basta escutar atentamente o que dizem os representantes das fábricas chinesas. "Nós propomos diferentes qualidades, de acordo com as suas necessidades", é a resposta padrão mais comum. As "qualidades" são classificadas, nas tabelas tarifárias dos industriais chineses, como "A", "B", "C", e assim sucessivamente.

Não são realmente "qualidades" de concentrados de tomate que se distinguem no interior das latas, mas apenas o percentual que elas contêm do produto puro, como posso deduzir bem rápido. A qualidade "A" é a de maior porcentagem, em função das práticas do modelo chinês de conservas. Para as qualidades seguintes, a quantidade de concentrado vai diminuindo. Entre 15 empresas chinesas encontradas, as maiores do negócio – fábricas de conservas que cobrem o essencial do espectro exportador de latas de concentrado para a África –, não localizei nenhuma que comercializa, na região, o produto puro, não misturado.

A fraude é maciça, e os rótulos não fazem qualquer menção às adições. No SIAL, nas amostras que recolhi, nenhuma os menciona. Para as principais fábricas chinesas que eu abordei, o método é sistemático.

A argumentação dos vendedores chineses, contudo, não é uniforme. Se alguns são extremamente francos a respeito de suas práticas e entregam voluntariamente ao comprador em potencial (que eu simulo ser) os truques de seu ofício – esperando que eu me torne, em breve, um de seus clientes –, outros demonstram uma má-fé desconcertante. Logo fica claro que eles tentam tirar proveito da aparente ingenuidade de minha aproximação para tentar me roubar. Eu não me deixo enganar e empurro meus interlocutores para suas trincheiras. Assim descubro uma ampla palheta, com diferentes "qualidades" de mentiras.

Qualidade D: "Nós imprimimos bandeiras italianas em nossas latas de conserva para lembrar que a Itália é o país do tomate".

Qualidade C: "Nossa qualidade é uma das melhores do mercado. Que tal uma degustação?".

Qualidade B: "Olhe. (Ele abre a lata.) Você vê a bela cor desse concentrado? (A cor é escura.) É desse jeito que as pessoas gostam na África".

Qualidade A: "Não há nada ilegal em acrescentar amido ou soja. Não, isso não está informado no rótulo. Mas não é grave. Todo mundo faz".

Entre os representantes das fábricas de conservas chinesas, sou apresentado a um vendedor gastrônomo: "Alguns preferem que a gente acrescente amido. Para outros, é a soja ou o pó de cenoura. Nós nos adaptamos ao gosto dos consumidores africanos".

Também encontro o fornecedor prudente: "Quando começamos a fazer negócio com alguém, no início, nós propomos apenas a qualidade 'A', nem que seja para ver se tudo corre bem. Se você encomendar apenas alguns contêineres, não terei como fazer ofertas interessantes. Mas, quando estamos mais confiantes, ou se você encomenda volumes maiores, nós podemos encontrar soluções para reduzir o preço, acrescentando amido".

Há também o vendedor pragmático:

– Não. É completamente inútil eu dar a você uma amostra de qualidade 'A' para o Gabão. Pegue esta aqui (barulho da lata posta violentamente sobre o balcão). É isso, menos cara. É disso que você precisa para o Gabão.

– Adoraria, assim mesmo, levar uma amostra "A" – insisto.

– Não. Para o Gabão, não. – É a palavra final.

IV

A conserva de qualidade "A" pode até ser a melhor, mas, apesar disso, nenhum fornecedor chinês afirma que ela é pura. "Os controles do porto de Cantão são mais rigorosos do que em Tianjin ou Xangai", esclarece um vendedor que finge ser o bom aluno do ramo: suas latas teriam um percentual de apenas 5% de amido. Verdadeiro? Falso? Alegação de efeito comercial? Seu folheto comercial informa, em mandarim, inglês, árabe e num francês mal-ajambrado, que sua empresa produziria mais de três bilhões de latas de conserva por ano. O texto do impresso se orgulha do fato de os tomates de seu concentrado virem de "plantações não poluídas". A empresa afirma também que seria o "único fabricante de tomates no Sul da China que controla sua produção, da fonte até o produto final". Talvez eu seja desconfiado em excesso, mas essa prosa me evoca outra, mais poética, de uma empresa baseada em Hebei, perto de Tianjin:

"Nós escolhemos Xinjiang para nossos tomates porque é um local belo e rico", diz o folheto. "O solo não é poluído, a água vem da fonte das neves, e o pôr do sol é formidável". Embora as latas produzidas por essa empresa exibam uma inverdade ao afirmar que contêm apenas água e sal, o representante comercial da fábrica é, no entanto, completamente sincero: "Nossas latas não são caras porque contêm apenas 45% de concentrado de tomates. É a média no mercado da África".

V

Uma relação de 45% de concentrado por 55% de aditivos... Em minha reportagem em Gana eu descobriria que, hoje, um produtor industrial chinês se contenta em misturar apenas 31% de tomates em suas latas ao restante, ou seja, aos 69% de aditivos. Assim, embora as embalagens de milhões de pequenas latas de concentrado chinês anunciem que seus ingredientes se resumem a tomate e um pouco de sal, elas contêm na realidade menos da metade daquilo que afirmam ser.

Sempre que deixo um estande do SIAL com amostras nas mãos, eu as observo demoradamente e sinto um grande espanto e mal-estar ao contato com o metal frio: falsificações do que seria um concentrado de tomate, essas misturas substituem, por inteiro, o produto de origem. Como um fenômeno de tamanha amplitude pode ter se tornado, em alguns anos, uma norma continental, ao menos na escala de toda a África subsaariana?

As empresas chinesas adoram reproduzir mapas-múndi em suas peças promocionais, orgulhosas de exportar para um grande número de países, marcados com um ponto vermelho. Os países africanos são os mais representados. No fio de minha apuração, tendo ido à China e, depois, me fingido de importador de concentrado diante de vendedores chineses, descobri, por fim, que o escândalo não havia jamais sido objeto de uma investigação. Ele afeta atualmente muitas centenas de milhões de consumidores na África.

Segundo vários especialistas do setor mundo afora, as autoridades chinesas estão a par de tudo, mas fecham os olhos para não impactar a "competitividade" de suas usinas. O procedimento, que passou a ser extremamente comum, lembra as práticas que vigoravam em muitas fábricas de conservas do século XIX, quando não havia legislação sanitária e os consumidores corriam sério risco de intoxicação ao ingerirem esses produtos. Os representantes comerciais das fábricas chinesas fingem que os aditivos que utilizam não são tóxicos. Entretanto, na Nigéria, análises realizadas pela Agência Nacional Antifraude trouxeram à luz, nos últimos anos, vários casos de toxicidade – em latas do concentrado chinês.

VI

Para o negociante uruguaio Juan José Amézaga, *expert* da cadeia mundial dos tomates, "os distribuidores que escoam para a África milhões de latas de concentrado misturado com soja, cenoura, amido, dextrose, corantes e outros ingredientes secretos não são vítimas da fraude". Na realidade, ele esclarece, "os distribuidores são os patrocinadores do processo. Eles passam encomendas a uma fábrica de conservas chinesa, depois negociam o preço em função da qualidade".

O caderno de encargos se mostra frequentemente idêntico de um cliente a outro: os distribuidores procuram o produto mais barato possível. As fábricas então propõem incluir na composição do concentrado uma certa porcentagem de aditivos, porcentagem que o próprio distribuidor indica e sobre a qual ele é o único tomador de decisão. É a maneira de negociar o preço por baixo, proporcionalmente. Se o distribuidor desejar, a fábrica chinesa pode lhe enviar amostras de aditivos e do produto final, para que possa testá-los. Um pouco como fariam os químicos. Ou os traficantes de drogas. Qual é a diferença?

Quando o negócio se conclui, o importador-distribuidor envia por e-mail o layout ou a maquete do design que irá embalar a lata de conserva. Em Tianjin, a cadeia se completa: a fábrica encomenda a um fornecedor local sua produção de latas de folhas de flandres impressas, as tampas plásticas e o papel de embalagem.

Que as indicações sejam fantasiosas, mentirosas, redigidas em francês, italiano ou árabe; que o rótulo declare ou não a procedência chinesa; que ela seja somente vermelha ou traga as cores da Itália para simular sua origem; que tenha erros de ortografia, que se declare um produto "halal",* "natural", "fresco" ou "verde"; que seja uma falsificação de

* O termo se refere a comportamentos, roupas e alimentos permitidos pela religião islâmica. [N.E.]

marca, ilustrada com uma mulher africana ou belos e carnudos tomates: não importa.

A fábrica de conservas chinesa só quer saber que o rótulo está conforme o modelo do cliente e que a lata esteja cheia de qualquer coisa que se pareça com um duplo concentrado de tomate.

VII

PARMA, EMÍLIA-ROMANHA

"O primeiro a abrir uma fábrica de conservas em Tianjin com objetivo de exportar para a África foi o general Liu Yi, com sua usina Chalkis, a Chalton. Pouco depois, a Cofco Tunhe fez o mesmo, instalando uma unidade", recorda Armando Gandolfi, líder mundial do comércio de concentrado. "Então, os dois rivais instalaram uma capacidade de produção absolutamente insana em relação à real demanda do mercado e iniciaram uma guerra de preços entre si. Nesse momento, outras pequenas fábricas chinesas começaram a acrescentar, no produto destinado à África, aditivos como soja, açúcar, amido, corante... Hoje, na África, raras são as latas que contêm mais de 50% de concentrado verdadeiro.

"Com uma capacidade de produção enorme em relação à demanda real, a batalha ficou restrita ao preço, porque nada além disso foi feito, nem no nível da imagem, nem no nível da qualidade do produto. Toda a concorrência sobre o mercado de pequenas latas de concentrados vendidos na África se estruturou em torno dos preços, o que é tipicamente chinês. E foi assim que eles se autodestruíram. Da fábrica da Cofco Tunhe à da Chalkis, todas faliram porque o sistema implodiu. Ainda há outras na China, mas, a meu ver, é certo que irão falir mais cedo ou mais tarde. É matemático: quando você baseia sua produção nos custos e não cria nada fora da lógica dos preços baixos, sem respeitar nenhuma regra, num certo ponto é evidente que se chega a um impasse. Se você põe só 50% de concentrado, um belo dia outra fábrica baixará o nível para 48%. Depois, uma terceira arriscará 46% e assim por diante.

Portanto, você não constrói nada. Você apenas apodreceu o mercado de maneira irreparável. E ainda criou um problema de saúde para o consumidor. É o que está acontecendo, agora mesmo, na África, com essas latas cheias de aditivos. A China tem suas prioridades, que são a expansão e a criação de postos de trabalho. Prioridades do Estado chinês. Paralelamente, as autoridades fecham os olhos para outras coisas. Assim, ao lado das fábricas de conservas que trabalham o concentrado, Pequim deixa todo mundo fazer o que bem entender. Isso não se refere só ao tomate. As coisas ocorrem do mesmo modo na produção de uma série de outros itens."[97]

CAPÍTULO 15

I

TUOBODOM, DISTRITO DE TECHIMAN, REGIÃO DE BRONG-AHAFO, GANA

Eles agarram as mãos estendidas uns dos outros. Os ótimos trabalhadores diaristas sobem a bordo do reboque, depois se põem de pé, apoiando-se numa alça metálica ou em outros passageiros. A partir da primeira explosão do motor, o triciclo empina, "relincha" sob o peso da sobrecarga absurda. Todos os homens são lançados na parte frontal do veículo, onde tentam se equilibrar. Alguém pisa no meu pé, uma de minhas mãos cobre a cabeça de um cidadão, um cotovelo espeta minhas costelas. E daí? Por meio de nossas contorções, nós, passageiros excedentes, modificamos o centro de gravidade. Domesticada, a pobre máquina começa a avançar como por milagre, desta vez sobre três rodas.

Nós a chamamos, aqui, de "Motor King". Distribuído na África do Norte sob essa marca, o utilitário chinês é muito apreciado pelos camponeses ganenses. Verdadeiro centauro dos campos, é um bravo 125 cm^3 enfeitado com um reboque. Como em toda a África, a chegada maciça de triciclos revolucionou a motorização da região.

A muralha de vegetação desfila ao ritmo dos solavancos, e a pista, pouco a pouco, se converte em uma verdadeira galeria escavada no que parece ser uma montanha vegetal. Todos abaixam as cabeças para evitar os galhos. Quando o caminho é em aclive, o triciclo sofre. Mas, quando é em declive, impulsionado pela sobrecarga, o Motor King adota a marcha ameaçadora de um veículo fora de controle, protegido apenas pelos talismãs que decoram sua carroceria: grandes adesivos à glória de Jesus Cristo e de Muammar Kadhafi.

No coração espesso de um calor úmido, um grupo numeroso de homens curvados sobre o campo colhe tomates, depois os atira dentro de caixas de madeira artesanais. Trazida para dentro do triciclo, a mercadoria passa a ocupar o espaço onde antes estavam os trabalhadores.

Curioso tomate. Domesticado antes da colonização espanhola das Américas pelos astecas, quase inexistente na alimentação da espécie humana no século XVI, ainda marginal dois séculos depois, chegou realmente às capitais europeias só no século XIX, na alvorada da invenção da máquina a vapor e do desenvolvimento das linhas férreas. Depois, durante a colonização, foi introduzido na África pelos europeus, simultaneamente à emergência da indústria das conservas. Sua odisseia planetária prossegue aqui: no final de uma pista estreita, em meio à vegetação exuberante, num campo no Norte de Gana, a oito horas de estrada da capital do país, Acca.

A plantação de tomates tem uma superfície de dois hectares e se situa nos arredores de Techiman, numa região agrícola cuja cultura do tomate é uma especialidade. Gana conta 90 mil pequenos produtores do fruto, na raiz de uma produção de mais de 500 mil toneladas. Em média, 30% são perdidos a cada ano por causa da produção excedente, sobretudo na estação das chuvas. Os números oficiais da produção, em 2014, foram de 366.772 toneladas de tomates frescos.

À atividade estritamente agrícola dos camponeses acrescentam-se aquelas comerciais e logísticas de 300 mil pessoas, a maioria mulheres, que negociam as compras, organizam as expedições e controlam as bancas nas feiras e mercados. De seu cultivo à sua chegada aos pratos, um só tomate envolve o trabalho de mais ou menos 25 ganenses.[98] Décimo segundo país mais populoso da África, Gana tem 28 milhões de habitantes. O tomate, que entra na composição da maior parte dos pratos populares, representa aqui 38% das despesas da população com legumes.

Após sua independência em 6 de março de 1957, quando Gana adotou, primeiramente, um modelo de panafricanismo, o país teve a economia administrada pelo seu primeiro presidente, Kwame Nkrumah. Investimentos em educação, saúde e infraestrutura foram implementados. Seu governo, então, lança uma política "anti-imperialista" de industrialização, cujo objetivo é reduzir as importações. Na época, início dos anos 1960, para não desperdiçar os excedentes de tomates, o país se equipa com duas usinas de transformação.

O socialista Kwame Nkrumah é derrubado por um golpe militar de Estado sustentado pela CIA em 24 de fevereiro de 1966, que abre um longo período de instabilidade. A turbulência dura até a chegada ao poder, por outro golpe militar, de Jerry Rawlings. Este último, com o apoio de instituições financeiras internacionais, faz de Gana um modelo africano de políticas neoliberais.

Após sua reabertura durante a época mais instável, as duas usinas de processamento de tomates ganenses são fechadas novamente no fim da década de 1980, junto com as reformas estruturais ditadas pelo Fundo Monetário Internacional (FMI). Depois serão reabertas, para fecharem mais uma vez. Hoje, são montanhas de ferrugem. A fábrica de Pwalugu, anunciada por cartazes cobertos de corrosão, num muro descascado em que ainda se pode ler "Northern Star Tomato Factory" [Fábrica de Tomates Estrela do Norte], foi invadida por um exército de ervas daninhas. No entorno, entre os aldeões, muitos ainda se lembram que a fábrica gerava emprego e significava para o povo uma verdadeira riqueza.

Frequentemente descrita pela imprensa econômica como a "segunda economia da África Ocidental", Gana foi considerada por muito tempo como o "filho querido" ou a "vitrine" do FMI, por ter multiplicado seus planos de ajuste. Para tanto, um estudo da Unicef indicava, em 2016, que 3,5 milhões de crianças viviam na pobreza e que 1,2 milhão entre elas não eram propriamente alimentadas pela família.

Já segundo o Banco Mundial, 25% dos 28 milhões de ganenses vivem abaixo do nível da pobreza. Gana sofre com a falta de infraestrutura, principalmente sanitária e elétrica. A economia dessa ex-colônia britânica continua inteiramente dependente da exportação de matérias-primas. O ouro (segundo produtor mundial), o cacau (idem) e o petróleo representam mais de 70% das exportações do país, igualmente rico em diamantes, bauxita e manganês. Diante da estagnação de sua economia após muitos anos, Gana recorreu, em 2015, a um novo empréstimo de um bilhão de dólares do FMI, condicionado à implantação de um enésimo plano de cortes orçamentários, que previa, em especial, uma baixa das despesas públicas. Sessenta anos após sua independência, a agricultura do país segue atingida pela concorrência pesada de gêneros agrícolas importados.

Nos últimos 20 anos, as importações de concentrado de tomate não param de aumentar no país. Segundo as estatísticas da FAO, estas passaram de 1.225 toneladas em 1996 a 24.700 toneladas em 2003, para atingir o pico de 109.500 toneladas em 2013!* Ou seja, um aumento de 9.000% em apenas duas décadas... Em 2014, segundo o Observatório da Complexidade Econômica do Massachusetts Institute of Technology [Instituto de Tecnologia de Massachusetts, ou MIT], Gana importou 113 milhões de dólares de concentrado de tomate, 85% da China. Porta de entrada do extrato asiático no Oeste da África, o país importou uma fatia de 11% da imensa produção chinesa em 2014, enquanto a Nigéria, principal cliente, importou, no mesmo ano, 14% do bolo produtivo.

Contudo, deve-se desconfiar desses números, por dois motivos. Primeiro, porque uma grande parte das latas de conserva chinesas importadas continham aditivos. Segundo, porque um percentual das importações de concentrado de tomate chinês entra em Gana sob um código alfandegário muito menos taxado que o dos extratos. Não se

* Trata-se das estatísticas mais recentes disponíveis.

trata de um erro das alfândegas, mas dos efeitos da corrupção que atinge o país.

Por que Gana, onde a agricultura representa 45% dos empregos, importa, ano a ano, cada vez mais concentrado, como muitos outros países, considerando que produz e consome tantos tomates? Com que objetivo? E por que Gana, que possuía em outros tempos duas fábricas de conservas especializadas, não transforma mais seus tomates?

Para entender as transformações da arquitetura global e complexa do setor do tomate industrial, a África é um excelente indicador. Lá as evoluções são muito rápidas, e a guerra de preços, impiedosa. Segundo vários especialistas, o continente está destinado a se tornar, nos próximos anos, o mais importante mercado mundial de tomate industrial. À frente da América do Norte e da Europa.

II

Na plantação, cerca de 50 diaristas colhem tomates. Os frutos, frescos, não são destinados à transformação, mas aos mercados de rua. Esses trabalhadores rurais são, em sua maioria, produtores. Quando não vendem sua mão de obra, como hoje, os camponeses sem-terra trabalham em pequenos lotes que alugam nas redondezas. Para os mais pobres, basta um acre (0,4 hectare), às vezes dois, ou três, a cem euros por ano/acre. Excepcionalmente, para atender às necessidades de uma colheita, por exemplo, os sem-terra que produzem tomates podem remunerar outros camponeses, ao fim de uma jornada avulsa, quando os tomates colhidos forem entregues e vendidos nos mercados. Os produtores podem também se ajudar mutuamente, trocando entre si jornadas de trabalho nas respectivas plantações.

Nenhum deles adquire variedades híbridas de sementes. Seus tomates são replantados todos os anos. Por outro lado, não abrem mão, jamais, da compra regular de produtos fitossanitários, que utilizam sem formação específica, sem saber sua composição – 60% deles são analfabetos, de acordo com um estudo governamental – e sem nenhum tipo de proteção. "Eu sou forte, robusto, meu corpo resiste às doenças, não preciso me proteger", garante um trabalhador. "Nosso especialista em produtos químicos", acrescenta, "é o mesmo homem que os vende. Basta explicar qual é o problema, que ele encontra a solução, o produto certo. Não, ele não vem à plantação. Fica na loja dele. Mas ele sabe, ele tem a solução. É o nosso *expert.* Se você diz que tem um problema com lagartas, ele vai lhe dar o produto contra as lagartas".

Ao pé das caixas de tomates, às beiras do lote, a terra está cheia de embalagens brilhosas de produtos químicos "*Made in China*", vendidos pelo "*expert*". Essencialmente, são fungicidas e inseticidas, entre os quais o clorpirifós, cujo impacto sobre a evolução dos cérebros na vida intrauterina já foi provado por estudos científicos e que pode estar na origem de anomalias cerebrais graves em crianças.

"Os produtos são o que nos custa mais caro, bem mais do que o aluguel do terreno", informa um dos diaristas, sem poder, contudo, fazer uma avaliação das proporções numéricas.

"É difícil saber. O tomate é como uma loteria", compara Kwasi Fosu, locatário do campo onde se faz a colheita. "Aqui, é o tomate que garante o sustento de nossas famílias. Posso ganhar dinheiro num ano e, no ano seguinte, perder. Ou ficar no zero. Nos últimos anos, eu só perco, e é por isso que eu aposto cada vez menos no tomate."

Peço que me explique. Como assim, "loteria"? O que quer dizer com "apostas"? "No tomate, há dois grandes riscos", descreve. "A primeira incerteza se refere à colheita. Nós não sabemos nunca se as condições climáticas ou uma praga vão estragar a plantação antes da hora. E, além disso, há o mercado. Às vezes a colheita é muito boa, mas na hora que os tomates chegam aos mercados, os preços afundam. Hoje essa caixa de tomates vai ser vendida a 200 *cedis* (45 euros). Quatro vezes o preço da mesma caixa no ano passado. Quando eu perdi, aliás, muito dinheiro. Este ano, eu aluguei menos terras para tomates, e acho que não vou ter prejuízo, porque os preços, até agora, não estão ruins. Mas ainda tenho que esperar para saber se vou poder lucrar alguma coisa. O que posso dizer com certeza é que, na região, produzimos cada vez menos tomates. Eles rendem, na verdade, bem pouco. Muita gente já parou de produzir, e creio que outros vão fazer o mesmo nos próximos anos."

Kwasi Fosu é um homem considerado rico em seu vilarejo. Ele é proprietário de um casebre que funciona como bar e possui uma motocicleta fabricada na China. Um meio de transporte que, em Tuobodom, simboliza um alto *status* social. "Nem meu bar deu muito certo. Achava que ia ganhar um pouco de dinheiro quando investi nele, mas as pessoas aqui são pobres demais para beber. O tomate quase não dá mais para o gasto."

Os diaristas que recolhem tomates no campo de Kwasi Fosu não possuem um bar nem um veículo de duas rodas. Eles só podem contar com os próprios braços. Sua capacidade de endividamento é extremamente frágil, e sua "aposta" anual no tomate, mais ainda. Todos eles concordam, contudo, com o patrão do dia: "O tomate é uma loteria". Por julgarem sua produção extremamente arriscada, os camponeses sem-terra estão cada vez mais prudentes e vão reduzindo mais e mais seus lotes de tomates.

Um jovem trabalhando na plantação me conta suas desventuras com os tomates: "Alguns anos atrás, fiz uma boa colheita, em um acre. No ano seguinte, eu disse para mim mesmo que seria corajoso, iria trabalhar duro. Então, me endividei para cultivar um número maior de lotes, alugando mais campos. No fim da estação, já tinha perdido tudo. Não era capaz de pagar minhas dívidas e ninguém mais queria emprestar dinheiro. Aqui, estar arruinado quando não se tem uma terra é estar condenado a trabalhar para os outros e só cobrir seus rombos, sem qualquer outra perspectiva. Então, decidi partir. No início queria ir para a Europa, mas achei trabalho na Líbia, onde pude economizar para pagar um barqueiro clandestino. No fim, mudei de ideia. Tenho medo de fazer a travessia para a Europa e me afogar, não quis arriscar. Tinha o dinheiro. Mas preferi voltar à aldeia. Com o que ganhei, paguei as dívidas. Agora, estou aqui".

O jovem veste um blusão laranja com os dizeres "*Free Libia*". Ele está fechando as caixas já cheias de tomates, com pregos. Pergunto se ele é a favor da queda de Kadhafi. "De jeito nenhum", responde, entre duas marteladas. "Aqui nós amamos Kadhafi. Mas eu estava na Líbia durante os conflitos, e essas camisas eram distribuídas de graça, então eu peguei uma para mim."

III

Uma vez que as caixas de tomate são instaladas no triciclo, um trabalhador as amarra e sobe no reboque. O veículo parte. Desta vez, para a primeira entrega do dia, serão apenas dois homens de pé na traseira do Motor King. Sua tarefa: segurar firme as caixas mais altas, tanto nos trechos de pista lisa quanto nos de terra batida, para evitar que os solavancos, os sulcos e os buracos provoquem quedas no caminho até o mercado.

Ao longo da grande estrada, olarias artesanais soltam uma fumaça pestilenta. Algumas mulheres cuidam do fogo à lenha, outras misturam cimento, areia, água, ou moldam tijolos com as mãos nuas, sem nenhum tipo de proteção. Passam seus dias inteiros respirando o vapor nauseante das matérias em combustão que elas misturam a fim de produzir riquezas alheias. Mais longe, à beira de um riacho, uma mãe e seus filhos se banham enquanto outras mulheres lavam roupas. Mais adiante ainda, no mesmo curso d'água, um homem enche um tanque plástico no qual dilui agrotóxicos.

Em Gana, a gestão da rede de abastecimento é catastrófica. Apesar das reformas feitas desde 1939, dentro de um "programa de ajustes estruturais" e outro de "retomada econômica", duas décadas de reformas e muitos anos de gestão privada não produziram nenhum resultado significativo para a população, a não ser o encarecimento do preço da água, a queda de sua qualidade e o fim do acesso à rede por parte do povo ganense. De entregas em caminhões-pipa à venda ambulante nas ruas em pequenos sacos de plástico, um verdadeiro negócio da água se instalou na região.

Gana, nesse domínio, tornou-se um paraíso libertário: todos podem dar uma de empreendedor e lançar sua própria estrutura de venda de saquinhos d'água. Basta comprar uma máquina de preenchimento e estar conectado a um ponto de água. Pouco importa se o conteúdo das bolsas é ou não potável, esses pequenos sacos serão vendidos pelos canais do comércio informal, que ninguém é capaz de controlar. Assim a ganância se alia à miséria, transformando água em mercadoria. É extremamente comum ver ganenses beberem em plena rua o conteúdo desses sachês, vendidos por um preço entre 20 e 50 centavos de euros, na conversão pela moeda local. Anualmente, 4,5 bilhões dessas poções inundam o país.

Em muitas aldeias das redondezas, é raríssimo encontrar um banheiro limpo, e é frequente ver os ganenses urinarem em plena rua. Se mais de um terço da população mundial ainda não tem acesso a instalações sanitárias em casa, segundo a Organização Mundial de Saúde, Gana está entre os dez países do mundo onde o problema é mais preocupante: 85% dos ganenses não têm acesso a saneamento básico, o que contribui para a disseminação de doenças como a cólera.

IV

O mercado de tomates fica à beira de uma grande estrada, a N10, onde os triciclos vão e vêm. É uma das principais artérias do país. A via liga Kumasi, a grande cidade da região central, até Burkina Faso, cuja fronteira fica no Norte de Gana. Quando o Motor King chega, o motorista e os homens que passaram a viagem de pé no reboque descarregam as caixas de tomates, que, durante toda a jornada, vão se empilhando e se acumulando próximo do acostamento, até a chegada dos caminhões que as levarão a outros mercados, por volta das 17 horas, começando por Kumasi e Acra.

Enquanto os homens descarregam os frutos, as mulheres controlam a contabilidade e cobrem as mercadorias para protegê-las do sol. Com grandes canetas hidrocor, elas marcam as caixas com o nome de "Jesus", de "Deus", de uma palavra de louvor ou de um sinal qualquer que permita diferenciar umas das outras. Essas mulheres são apelidadas "rainhas". Seu papel é essencial na economia do tomate fresco ganense, pois, como intermediárias, ajudam a tornar mais fluida a circulação de mercadorias por natureza bastante perecíveis.

Muito ágeis, viajando às vezes entre aldeias remotas, as rainhas são verdadeiras negociantes. Os camponeses mais distantes dos mercados em geral esperam que uma rainha passe em seu vilarejo e se interesse em comprar sua produção. Se nenhuma delas aparece, os tomates provavelmente não serão recolhidos, pois são as mulheres que asseguram o pagamento e a logística, ou seja, a vinda de um caminhão que embarque suas caixas cheias de frutos.

Essas negociantes estão em permanente contato tanto com os produtores quanto com os compradores dos grandes centros urbanos. Todas as transações são diretas, feitas de comum acordo. Por serem as únicas interlocutoras dos produtores de tomates quando se trata de escoar a produção, elas são as primeiras a serem acusadas quando os preços parecem baixos demais. Porém, embora algumas se aproveitem da vulnerabilidade dos produtores para lhes pagar o menos possível, as rainhas não são capazes de ditar, sozinhas, os preços das caixas. Embora as mais organizadas consigam ascender socialmente ou se tornar muito influentes no comando de uma verdadeira rede de distribuição, elas não chegam a formar um cartel e não fazem grandes fortunas. Além do que, ao se responsabilizarem pela logística, assumem o risco de comprar tomates que nem sempre conseguirão escoar.

V

Nas vizinhanças, em mercados nos quais as mulheres acabam de comprar seus gêneros alimentícios de outras mulheres do outro lado do balcão das barracas, tomates frescos são estranhamente escassos. Aqui, são as conservas de concentrado importadas as mais pedidas. "A vantagem dessas conservas em relação à nossa produção de tomates frescos é que elas não estragam", observa Kwasi Fosu quando, durante um giro pelo mercado popular, paramos diante de uma bancada com latas de extrato. Sua perspicácia tem um tom cômico, mas compreendo que ele está só pensando em voz alta. Então, Kwasi interroga a vendedora sobre uma das marcas mais vendidas em Gana, a Pomo (distribuída pela Watanmal), cujo nome é, evidentemente, uma abreviação da palavra *pomodoro*, o termo italiano para "tomate".

– Esse fruto vem da Itália – responde a comerciante com orgulho. Depois, ela se gaba do sabor e da textura de sua mercadoria, sobre a qual ela não ousará, jamais, dizer a verdade. Insisto para que Kwasi Fosu leia a lata.

– *Made in China!* – ele confere, espantado. Por uns segundos, permanece com a boca semiaberta, descrente, assim como a vendedora, diante do que parece ser uma revelação.

– *China! China!* – ele repete, intrigadíssimo. – Como eles fazem para exportar tomates até aqui?

Segue-se uma verdadeira operação de vistoria de todas as marcas distribuídas no mercado. Kwasi Fosu se transforma em pesquisador e passa a se informar freneticamente sobre a origem de todas as latas: Gino, Tasty Tom, Pomo, La Vonce, Tam Tam... Ele acaba de se dar conta de que as mais vendidas em Gana são todas chinesas. Aqui, no mercado, mais de 20 mulheres têm pequenas barracas onde se multiplicam as latinhas de concentrado asiático. A revendedora não para de repetir que sempre teve certeza de que as conservas vinham da Itália. Ela me dá o nome do distribuidor local, assim como informações sobre o balanço de suas vendas. Diz que em geral precisa de três dias para se desfazer de um lote de 24 caixas de 400 gramas. Ela também vende, em média, 50 sachês de 70 gramas de concentrado por dia. Em Gana, há muitos anos, a presença dessas "doses" de extrato de tomate em saquinhos flexíveis de uso unitário tende a substituir cada vez mais as latinhas de conserva. Para os produtores industriais, esse acondicionamento – que mal suporta as viagens em contêineres – sai mais barato que uma lata de conservas. O que traduz também uma nova realidade: cada vez mais fábricas de conservas fazem o acondicionamento do extrato chinês diretamente na África...

"É claro que, se a coisa continuar como está, meus filhos terão que sair de Gana para viver na Europa", lamenta Kwasi Fosu. "Como é que a gente pode competir com todo esse concentrado chinês vendido mais barato que os nossos tomates? É impossível", conclui, decepcionado. Mais longe, à beira da grande estrada, no mercado onde as caixas se acumulam, os grandes caminhões de carga acabam de chegar. É o regimento de combate. Os cargas-pesadas se organizam. As rainhas dão as ordens, contam, recontam, distribuem notas de dinheiro à luz baixa do crepúsculo.

As caixas carregadas, a jornada de trabalho no fim, encontro por acaso o jovem diarista da Líbia, que reconheço de longe pela camisa laranja. Pergunto se conhece outros jovens que tenham partido para a Europa. "Claro que conheço, existem vários que já foram embora. Muitos que estão arruinados no ramo do tomate, ou em outras colheitas, vão para a Europa. O último, desta aldeia, viajou semana passada. Ele se chamava Kogo."

CAPÍTULO 16

I

EM 2015, SEGUNDO o Alto Comissariado das Nações Unidas para os Refugiados (*UN Refugee Center*, ou UNHCR), mais de um milhão de imigrantes chegaram à Europa por via marítima. Em 2016, o número total de pessoas que alcançaram a Europa pelo mar foi dividido por três. Essa redução se explica, em parte, pelo acordo concluído entre a Turquia e a União Europeia em março de 2016, visando a impedir a entrada de refugiados sírios na costa grega e determinando o envio de seis bilhões de euros à Turquia pela UE.

O número de refugiados africanos que desembarcaram na Itália, no entanto, ficou estável, na faixa de 150 mil pessoas por ano, tanto em 2015 quanto 2016. O uso da rota do Mediterrâneo central entre Líbia e Itália, a mais perigosa, já representa a metade das travessias: 3.771 imigrantes morreram no Mediterrâneo em 2015, e mais de cinco mil em 2016.

Nos últimos anos, as imagens impactantes dos naufrágios, fotos de sobreviventes e das mortalhas dos afogados, deram a volta ao mundo. Essas cenas arrepiantes inspiram obras de cineastas, fotógrafos, artistas e romancistas de todos os cantos. A violência impiedosa mobiliza voluntários, associações, partidos, clérigos, além de eletrizar os debates políticos na Europa. Mais raras são as evocações do contexto econômico global em que ocorre o fenômeno: o de uma guerra econômica que assola toda a superfície do planeta, própria à natureza capitalista da economia mundial. De fato, entre os 300 mil africanos que chegaram à Itália no biênio 2015/2016 (os anos somados), muitos, antes da travessia, trabalhavam na África, sobretudo em terras cultivadas. Agora, eles atuam na Europa.

Em março de 2016, num vagão que circulava entre as cidades de Nardò e Lecce, na região de Puglia, encontrei um deles: trabalhador de 40 anos, originário do Norte do Senegal. Lá onde, em outros tempos, todo o concentrado de tomate consumido no país era produzido de maneira local.

À medida que eu lhe perguntava sobre as condições de trabalho dos africanos que colhem tomates na Puglia, ia descobrindo a história de um ex-colhedor do Senegal que hoje, durante o verão, colhe tomates na Itália. Sem declarar seu trabalho, pago por tarefa, ele ganha em média entre 20 e 25 euros por dia de colheita, sob um sol escaldante. Depois de me ter contado sua travessia "num bote", sua chegada à ilha de Lampedusa e a dureza de seu cotidiano na Puglia, o trabalhador confessou sua nostalgia: "A colheita de tomates no Senegal não era um trabalho fácil, e era mal paga. Mesmo assim, tenho saudades dessa época em que eu apanhava tomates no meu país, pois, em casa, não era tratado como um escravo". Num lamento, ele acabava de resumir as mais desastrosas consequências humanas do livre-comércio.

II

No dia seguinte à independência do Senegal, em 20 de agosto de 1960, surge uma conhecida marca de concentrado de tomates na África, produzida pela Sociedade de Conservas Alimentares do Senegal (*Societe de conserves alimentaires au Senegal*, ou Socas), do grupo Sentenac.* Seu nome: Dieg Bou Diar. Em wolof, língua ancestral,

* Do nome do empresário francês Jean Sentenac, que chegou ao Senegal em 1902, cujo pai era vendedor de amendoins.

"aquela que a gente disputa". A lata de Dieg Bou Diar é ilustrada com a imagem de uma mulher africana levando na cabeça uma cesta de tomates do Senegal. Dois agrônomos estão na origem do ramo senegalês dos tomates nos anos 1960: Ibrahima Fédior e Donald Baron. O primeiro, produtor de tomates local, irá se tornar presidente do Conselho Nacional da Concentração e da Cooperação das Populações Rurais do Senegal, e será um homem-chave na cadeia produtiva. O segundo, um empresário francês, foi por muito tempo um dos homens de negócios mais influentes do país.

Hoje aposentado, Donald Baron chegou ao país no dia seguinte à Independência. Construiu toda a sua carreira no setor agroalimentar, no grupo Sentenac, do qual foi chefe. O empresário, muito próximo ao governo de Dakar, foi presidente do Conselho Nacional do patronato senegalês e defendeu os interesses das empresas do país nas cúpulas da OMC.

Quando chegou ao Senegal, Baron era só um engenheiro agrônomo francês à procura de terras para iniciar uma atividade agroalimentar envolvendo o tomate. Depois de tentar o cultivo, em 1965, e a montagem, em 1969, de uma usina-piloto, a Socas instala em 1972, em Savoigne, uma fábrica de concentrados capaz de processar duzentas toneladas por dia, e uma exploração agrícola pronta a produzir milhares de toneladas de tomates.

Savoigne, pequena cidade do Norte situada a 30 quilômetros de Saint-Louis, não é um lugar inócuo na história do Senegal: a ambição do presidente Léopold Sédar Senghor era fazer dela a cidade-modelo do desenvolvimento agrícola do país. A partir de 1964, com o auxílio do Exército, é criado ali um canteiro reunindo centenas de jovens voluntários solteiros com menos de 20 anos, chamados "pioneiros da Independência".[99]

No projeto-escola, eles recebem uma formação agrícola, militar e cívica. Depois, ao fim de seu serviço, ganham um lote de terra. Passados muitos anos de tutela das forças armadas, a cidade de Savoigne se torna "autônoma". Graças à criação de infraestruturas de irrigação – diques, pontes –, Savoigne se transforma efetivamente numa zona agrícola emblemática dentro do Senegal independente. A primeira política agrícola e comercial do país, de 1960 a 1986, é, assim, voltada para uma produção destinada a substituir as importações.

A partir de 1972, a Socas, regida por franceses, oferece assistência técnica gratuita e contratos de compra de tomates dos produtores senegaleses. O investimento é feito em colaboração com o Estado senegalês, por meio de um contrato-plano de desenvolvimento que garante à Socas proteção sobre o mercado interno, em troca de metas de produção agrícola e satisfação das demandas. A Socas investe mais de 12 bilhões de francos africanos e desenvolve o ramo no Senegal, sobretudo em Saint-Louis.

No período de sua primeira política comercial, da Independência até 1986, o Senegal limita ou proíbe a importação de certos bens, garantindo o quase monopólio de várias empresas. Nessa época, o concentrado Dieg Bou Diar, pioneiro do tomate industrial na África Ocidental, controla sozinho o mercado senegalês. Ao longo das primeiras décadas de atividade, a Socas prospera e é sempre citada pelo poder senegalês como modelo de sucesso. O correio chega a imprimir, em 1976, um selo intitulado "Cultura industrial do tomate", no qual aparece a imagem de um produtor guiando um trator. No canto inferior, à direita, o selo mostra dois belos tomates maduros. A marca Dieg Bou Diar é, então, capaz de responder à demanda senegalesa por concentrado. Claro, os chefes são franceses, mas os senegaleses atingem o objetivo fixado no momento de sua independência: produzir aquilo que se come.

Algum concentrado de tomate tem de ser importado do estrangeiro depois das grandes tempestades de areia que assolaram a colheita de 1986, mas as quantidades são modestas, nitidamente inferiores à produção nacional. A catástrofe climática, aliás, dá ao engenheiro agrônomo e produtor Ibrahima Fédior – ex-presidente do Comitê Interprofissional do Tomate – a ideia de plantar cinco mil árvores em 50 hectares de terreno para reflorestar as bordas do deserto e conter sua expansão, programa que se tornaria um modelo do gênero.[100]

No entanto, também em 1986, o Senegal abandona o modelo de desenvolvimento que adotara desde a Independência.[101] Uma "nova política industrial" abre a economia senegalesa à concorrência estrangeira. Incitados pelo Fundo Monetário Internacional (FMI) e pelo Banco Mundial a lançar "programas de estabilização e de ajuste estrutural", os países da União Econômica e Monetária à África Ocidental (UEMOA) são pressionados a liberalizar seu comércio. Um tratamento de choque é aplicado alguns anos mais tarde à economia senegalesa. Com 12 outros países da África e dos Comores, o Senegal desvaloriza drasticamente sua moeda em 11 de janeiro de 1994.

O ajuste monetário tem vários objetivos oficiais: o restabelecimento da competitividade externa das economias em questão, a recuperação das balanças comerciais, a redução dos déficits orçamentários e a retomada do "crescimento". O Estado senegalês privatiza um grande número de empresas estatais e desmantela a maior parte dos monopólios públicos.

A China, nesta época, não é ainda uma grande potência do concentrado de tomates, mas, graças à transferência tecnológica que os italianos começam a promover, ela desperta pouco a pouco.

No início dos anos 1990, o Senegal bate seus recordes de produção e de transformação de tomates, atingindo a marca de 60 mil toneladas do fruto processado – caso único na África subsaariana. Porém, nos anos seguintes, a curva de produção do país mergulha, depois desmorona, ao nível de 200 mil toneladas, na virada do milênio: a China acaba de chegar ao mercado mundial, e seus preços são extremamente baixos.

A economia do Senegal é liberalizada. As fronteiras agora estão abertas. A curva de importações de tomates dá um salto sem precedentes: estas são multiplicadas por 15, passando de um volume de 400 toneladas a seis mil toneladas de concentrado. A produção senegalesa, por sua vez, cai pela metade.[102] São seis mil toneladas de concentrado de tomate, multiplicadas por sete, para obter o equivalente em "tomates frescos": o Senegal importa, na virada dos anos 2000, um volume de 42 mil toneladas de frutos vindos da China. Ou seja, tantos tomates quanto o país poderia produzir e transformar, mas que ele, agora, importa.

Mesmo assim, a Socas mantém sua produção, mas as dificuldades se ampliam. Em 2004, um importante concorrente se instala: a Agroline, dirigida por libaneses. Depois, um segundo, em 2011: a Takamoul. Os dois rivais da Socas prometem, a partir de sua chegada ao mercado, processar os tomates senegaleses. Na verdade, eles instalam suas usinas de recondicionamento na zona portuária, bem longe da lavoura, e iniciam a atividade inundando o comércio de triplo concentrado chinês reidratado, sob o rótulo "duplo", exatamente como fazem os italianos do Sul, o que fragiliza ainda mais o ramo senegalês, tão reputado por sua organização. Logo a Socas se vê incapaz de fazer frente à investida: em 2009, o custo de importação de um quilo de extrato chinês, incluindo as taxas alfandegárias, é a metade do custo de produção do mesmo quilo de concentrado senegalês. Um concentrado local de excelente qualidade gustativa, produzido por uma cadeia eficiente, bem estruturada, experiente, mas sem condição de enfrentar o *dumping*. O vento do capital sopra. As fronteiras alfandegárias estão escancaradas. O concentrado chinês impõe sua lei.

A tragédia vem em 2013, quando o Senegal assiste ao fechamento de uma de suas duas usinas de processamento de tomates da Socas, situada na comuna de Dagana. Oitenta e quatro empregados são demitidos e centenas de produtores de tomates perdem um precioso destino para seu cultivo. A unidade industrial é abandonada. Hoje, é uma fábrica-fantasma.

Após o fechamento, a oposição política se volta contra Donald Baron, chamando-o de "patrão bandido".[103] Para os opositores que se insurgem contra o fechamento da fábrica, o francês é o culpado, sem dúvida: ele encarna um "renascimento do colonialismo", como alguns escreverão em comentários de artigos publicados na internet. Na realidade, o fechamento da usina Socas marca justamente o fim desta época, de um neocolonialismo nascido de estreitas relações entre capitalistas franceses e o Estado senegalês durante a segunda metade do século XX. A Socas tem suas usinas amputadas porque ela é confrontada à nova ordem capitalista na África: a da "Chináfrica". O fim da produção local de concentrado de tomates é apenas uma de suas manifestações. Entre 2012 e 2015, a Socas é deficitária.[104] Apesar de uma ligeira alta do preço do concentrado chinês, o produto Dieg Bou Diar continua 30% mais caro que o de seus principais concorrentes trabalhando com concentrado asiático. A cadeia senegalesa, ao contrário das de outros países da África Ocidental, possui a infraestrutura e o *know-how* para não desperdiçar sua produção de tomates e ser totalmente autossuficiente, ou seja, exportar para os países vizinhos. Porém, a concorrência do concentrado chinês onera a balança comercial: em 2013, o país importou dez milhões de dólares de extrato. No ano seguinte, 8,29 milhões, majoritariamente chinês.

O Império do Meio fornece hoje 70% das importações de concentrado na África, um número que chega a 90% na África Ocidental. Na televisão senegalesa, a marca Dieg Bou Diar tenta resistir, exaltando a origem local do produto com o apoio de comerciais humorísticos: num deles aparecem vendedores de joelhos oferecendo às mulheres produtos manufaturados de importação, como perfumes ou bolsas vindos do estrangeiro. Logo em seguida, como num desenho animado, os mesmos vendedores ajoelhados são atropelados por latas gigantes de Dieg Bou Diar caídas do céu. Nesses anúncios, é o concentrado de tomate "*Made in Senegal*" que prevalece.

Mas por quanto tempo?

A questão de fundo é: por que há tantos imigrantes nos dias de hoje? Quando fui a Lampedusa, há três anos, esse fenômeno estava começando. O problema inicial são as guerras no Oriente Médio e na África e o subdesenvolvimento do continente africano, que provoca a fome. Se há guerras, é porque há fabricantes de armas – o que pode ser justificado para fins de defesa – e, sobretudo, porque há traficantes de armas. Se há tanto desemprego, é por falta de investimentos que proporcionem trabalho, tão necessários para a África. Isto põe em relevo, mais amplamente, a questão de um sistema econômico mundial que caiu na idolatria do dinheiro. Mais de 80% das riquezas da humanidade estão nas mãos de cerca de 16% da população. Um mercado completamente livre não funciona.

Papa Francisco

"É preciso integrar os imigrantes"
La Croix, 16 de maio, 2016

CAPÍTULO 17

I

NOS DIAS DE hoje, por trás de muitos produtos comercializados pela grande distribuição europeia – seja uma garrafa de azeite, um refrigerante de laranja, uma fruta, um legume, um produto biológico ou categorizado como de origem controlada "*Made in Italy*" –, esconde-se frequentemente a exploração de centenas de milhares de trabalhadores, italianos ou estrangeiros. O princípio dessa exploração é o do *caporalato*: o trabalho comandado e organizado por "cabos", gerentes de mão de obra ilegal, ligados a vastas redes criminais. São as redes da agromáfia.

Esse mecanismo de exploração combatido pelos sindicatos é bem conhecido na Itália. O *caporalato* atua em uma parte significativa da agricultura italiana, inclusive a do Norte do país. Conta com uma grande cobertura na mídia da Península. É debatido até na câmara dos deputados, onde leis *anticaporalato* são votadas. Mesmo assim, o sistema resiste e perdura.

O Sul da Itália é responsável por 77% das exportações mundiais de conservas de tomates. Involuntariamente, essas conservas viraram o emblema do *caporalato*, mesmo quando não ligadas à prática.

Qualquer que seja sua nacionalidade, os africanos que chegam à Itália trabalham. Eles não são "recebidos". São proletarizados. Milhares se instalam em favelas que são comumente chamadas, na Itália, de guetos. Mesmo isoladas do restante da população, essas aglomerações se conectam à economia global.

Um grande número de imigrantes prefere viver nos guetos a morar nos conjuntos habitacionais financiados pelo poder público ou pelos serviços de assistência católicos, pois nos guetos eles têm acesso ao mercado de trabalho oferecido pelos *caporais*.* Viver num gueto é ser condenado à subsistência, ao desconforto, à promiscuidade, a carregar latas e a beber água de origem duvidosa. É suportar a violência de um mundo controlado por bandidos, onde o trabalhador africano deve pagar um aluguel para ter o direito de viver numa favela, onde brigas são comuns e os assassinatos de imigrantes, frequentes.

Entretanto, viver no gueto é, também, a certeza de viver na companhia de outros seres humanos que partilham uma mesma condição, uma mesma classe social; é estar entre compatriotas ou pessoas que falam sua língua, numa bolha comunitária descrita para os que a conheceram ou conhecem como ambivalente: extenuante, destrutiva, mas tranquilizadora. Principalmente porque ali se pode encontrar trabalho e, assim, continuar sonhando com um futuro, enquanto houver força. No Sul da Europa, os guetos formam uma verdadeira "contrassociedade", balizada na miséria e na exploração.

Como afirmava já em 2012 um relatório esclarecedor da Anistia Internacional,[105] a exploração de trabalhadores imigrantes se tornou um dos pilares da agricultura italiana. Em 2012, segundo estatísticas oficiais,[106] de um total de 813 mil trabalhadores agrícolas italianos, 153 mil eram oficialmente cidadãos de um país fora da União Europeia, enquanto 148 mil vinham de um estado membro da UE. No entanto, essas estatísticas não levam em conta o número considerável de trabalhadores estrangeiros não declarados que trabalham na agricultura do país. Em 2015, a Agência dos Direitos Fundamentais da União Europeia publicou, por sua vez, um relatório demolidor sobre o

* Adotaremos, a partir daqui, os neologismos *caporal ou caporais* como tradução livre de *caporale* ou *caporaux*. [N.T.]

assunto, chamando atenção para a "grave exploração de que são vítimas os trabalhadores".[107]

A cidade de Foggia, na Puglia, é o epicentro da cultura do tomate destinado aos enlatados. "Muitos imigrantes vêm à Puglia no verão trabalhar nas colheitas e partem no inverno, em geral para o Norte", me conta Raffaele Falcone, sindicalista da FLAI-CGIL de Foggia. "Nós calculamos que na província de Foggia, no verão, durante a colheita de tomates, 30 mil africanos trabalham na lavoura. Mas se olharmos as estatísticas, só dois mil deles são realmente inscritos nos registros oficiais."

II

GUETO DE BORGO MEZZANONE, PROVÍNCIA DE FOGGIA, PUGLIA

Dia 30 de julho de 2016. São 4 horas da manhã. Alpha C. sai do velho e surrado *trailer* que divide com outro senegalês. Vai até um latão d'água, enche uma bacia e faz sua higiene. "Essa água eu fui buscar ontem", murmura, para não acordar a vizinhança. "Nos guetos a água é um problemão. Eu nunca tinha visto nada igual, nem na África. Você vai estranhar o que vou dizer, mas, se você atravessar a pé o Níger ou a Líbia, não vai ter problemas de água: a Cruz Vermelha instalou bombas elétricas, existem poços em várias cidades. Mas, nos guetos da Puglia, arranjar água é realmente complicado. Aqui, o primeiro ponto está a dez minutos a pé."

Não há nenhum registro oficial dos guetos italianos: eles simplesmente não existem, nem legal nem ilegalmente. Sua extensão varia muito, de poucas dezenas a muitos milhares de moradores. Os sindicalistas estimam mais de dez, disseminados só na região da Puglia. Se um deles for demolido por escavadeiras ou destruído num incêndio, outro irá brotar perto dali.

De todos os guetos, o de Borgo Mezzanone é o menos lamacento e mais bem calçado, por um motivo: é um aeroporto militar abandonado.

Durante a Guerra Fria, os esquadrões que utilizavam a base ficavam a poucos minutos de voo até a Iugoslávia e a Albânia, situadas do outro lado do Mar Adriático. Hoje, arames farpados protegem ainda a instalação militar desativada, com pistas entulhadas de carcaças de automóveis, *trailers* ou contêineres. Atrás do muro farpado, o gueto.

Os contêineres, em grande número, não transportam mais mercadorias: servem hoje de abrigos improvisados a trabalhadores africanos encalhados na Itália. Cada caixa metálica guarda uns dez colchões nos quais homens recarregam suas energias antes de partir para as plantações.

Alpha C. acende uma boca de fogão, amarra os cadarços, prepara a bicicleta, toma o café da manhã, escova os dentes e ajeita com extremo cuidado o chapéu. Passaram-se apenas 15 minutos desde que ele acordou. "Vou pedalar por uma hora para chegar à plantação de tomates ao amanhecer", murmura. Nos contêineres vizinhos, outros homens ainda dormem. "Prefiro ir de bicicleta ao campo, o que me obriga a acordar uma hora mais cedo, mas me ajuda a economizar cinco euros em transporte".

Economizar cinco euros? Sim. Nos guetos italianos, os *caporais*, que administram o mercado de trabalho com mão de ferro em completa ilegalidade, passam todas as manhãs com suas caminhonetes, fazendo o recrutamento. Subir no furgão de um desses capatazes é começar o dia com uma dívida de cinco euros: o "custo do transporte" será descontado do pagamento diário do trabalhador, à noite, quando é feita a contagem das caixas de tomate. Na província de Foggia, as colheitas são feitas por trabalhadores dos países do Leste – romenos, búlgaros –, assim como por africanos. "A maioria dos trabalhadores não é declarada. Eles trabalham no mercado clandestino, ou então, nas zonas cinzentas da lei: são registradas apenas algumas horas de trabalho, mas eles fazem a colheita de uma estação inteira", resume Raffaele Falcone da FLAI-CGIL.

Os agricultores estrangeiros são pagos em média 3,50 a 4 euros por caixa de 300 kg colhidos. Ou seja, entre 1,16 e 1,33 centavos de euro o quilo apanhado. Como na China, em Xinjiang, onde o quilo é remunerado a um centavo de euro.

A silhueta de Alpha C. desaparece: o rapaz não pode perder, de jeito nenhum, a partida do pequeno pelotão que se forma todas as manhãs na saída do gueto, dos trabalhadores que preferem pedalar duas horas diárias – uma de ida, outra de volta – a serem extorquidos pelos *caporais*, com quem vão se encontrar diretamente no campo de colheita.

Tráfego de caminhonetes na estrada, trocas de SMS, vastos guetos acessíveis a qualquer carro... Descobrir o *caporalato* na Puglia é entender que o sistema age à luz do dia, sem se esconder dos *carabinieri*. Com o mínimo de discrição e cautela, é fácil, para qualquer sindicalista ou jornalista, assistir às idas e vindas dos *caporais* nos guetos.

"A vigilância é insuficiente, e a corrupção se infiltra como gangrena", me dizem todos os sindicalistas da FLAI-CGIL da Puglia com quem conversei – dez deles sobre o *caporalato*. "Quando há uma vistoria numa plantação", explica Raffaele Falcone, "acontece com muita frequência que o produtor de tomates já tenha sido avisado da operação, que se transforma numa simples farsa. Outras vezes, o dinheiro corre de mão em mão. Aqui, a impunidade parece ser a regra".

Na Itália, 85% da colheita de tomates industriais foi mecanizada e 15% continua a ser manual. Todas as colheitas no Norte do país já são mecânicas. Na Califórnia, sobre superfícies gigantes, recorrer às máquinas reduz o custo da produção ao achatar parte dos salários. Em compensação, nos lotes do Sul da Itália, menores e mais numerosos, sob a posse de pequenos proprietários reunidos em "organizações de produtores" – a fim de negociar com as fábricas de conservas –, os ganhos de produtividade com as máquinas não são grandes. Os lotes não se prestam ao modelo californiano chamado de "agricultura de firma", na qual um grande volume de capitais controla a produção de terras vastas.

Um estudo financiado pela Fundação Nando Peretti[108] calculou que o custo de funcionamento de uma colheitadeira sobre um lote médio no Sul da Itália é praticamente igual àquele de uma colheita manual organizada por *caporais*, isto é, em condições ilegais de exploração da mão de obra. Em outras palavras, as máquinas concorrem com os escravos e vice-versa. Por mais que os *caporais* recorram à violência, à intimidação, e consigam roubar jornadas de trabalho dos imigrantes deixando de pagá-los – o que é extremamente comum e se revela a principal causa de agressões físicas nos guetos –, os escravos do século XXI se tornam mais competitivos que as máquinas feitas com tecnologia de ponta.

No verão dos guetos, é bem frequente encontrar imigrantes, sejam eles cristãos ou muçulmanos, que afirmam ter o hábito de rezar para que chova. É que, quando chove, o solo se enche de lama, e os operadores das imponentes colheitadeiras não podem correr o risco de atolar os motores. E quando a chuva imobiliza as máquinas, os *caporais* precisam urgentemente de mão de obra maciça. O preço pago por volume recolhido aumenta, podendo até mesmo ultrapassar os quatro euros por caixa. Para os imigrantes, a chuva tem, portanto, um verdadeiro poder: o de aumentar os salários.

Com ou sem chuva, a colheita manual continua a ter mais qualidade que a mecânica: os trabalhadores manuais, ao contrário das máquinas, só apanham tomates vermelhos e maduros. Além disso, eles não estragam os frutos que colhem. Com certeza, estragam menos que as máquinas. O trabalho manual é, desse modo, um recurso precioso para as marcas de maior prestígio poderem contar com os tomates pelados em conserva de melhor qualidade.

III

"GRAN GHETTO" DE RIGNANO, PUGLIA

Como o nome indica, o Gran Ghetto de Rignano é o maior gueto da Puglia. No verão, essa favela, onde uma floresta de tábuas e toras sustenta um oceano de chapas e toldos plásticos, pode abrigar até cinco mil imigrantes. Todos africanos: senegaleses, burkinabes, maleses, togoleses e nigerianos são, aqui, dominantes. Como no gueto de Borgo Mezzanone, a língua – francesa ou inglesa – marca a divisão entre os bairros.

Fui ao Gran Ghetto em companhia de Magdalena Jarczak, sindicalista da FLAI-CGIL de Foggia. Nascida na Polônia em 1980, ela veio pela primeira vez à Itália no início dos anos 2000, com a intenção de trabalhar no campo.[109] "Faz quinze anos. Um dos meus compatriotas, um polonês, trazia mulheres e homens para trabalhar nas plantações daqui, em Foggia, e em Ortanova, Carapelle, Stornara, Stornarella. Era um *caporal*, mas eu não sabia. Ele trazia muita gente. Eu vivia numa velha casa abandonada sem água potável, uma *casolare* [pequenas fazendas típicas da Puglia], construída sob a reforma agrária fascista, hoje abandonada pelos seus proprietários. Foi na zona rural de Ortanova. Trabalhei três meses no campo, colhi tomates, uvas, alcachofras... Sem ser paga. O *caporal* ficava com todo o dinheiro. Ele havia apreendido meus documentos e os de outras moças que estavam comigo. Nunca nos remunerou. Dizia que iria pagar ao fim de nossos três meses de trabalho. Na realidade, jamais nos deu o dinheiro. Em seguida, nós, as mulheres, fugimos. Tínhamos descoberto que o *caporal* na realidade vendia as mulheres nas ruas. Os homens, ele fazia trabalhar. As moças, vendia. É nessas condições que vivem, hoje, os romenos, os búlgaros ou os africanos dos guetos. As pessoas e as nacionalidades mudaram, mas a situação continua a mesma."

No início dos anos 2000, a violência dos capatazes poloneses originou um incidente diplomático entre a Itália e a Polônia, após o sumiço de vários trabalhadores poloneses e a descoberta de cadáveres – para alguns, correspondentes aos corpos das pessoas desaparecidas. Com a ajuda do sindicato, Magdalena Jarczak ganhou um reconhecimento que, convertido em compromisso, se tornou um novo ofício. Essa polonesa com italiano impecável é hoje um dos pilares da FLAI-CGIL em Foggia.

Para viver no "Gran Ghetto" de Rignano, um imigrante precisa, primeiro, desembolsar 25 euros pelo direito de entrar na favela. A partir daí, ele pagará entre 20 e 30 euros mensais de aluguel. Multiplicados por quatro ou cinco mil pessoas segundo o período do ano, os criminosos que controlam o gueto embolsam assim dezenas de milhares de euros mensalmente. No gueto, tudo é privatizado: a recarga de um telefone celular custa, por exemplo, de 10 a 20 centavos de euro. Lojas cujos proprietários são os barões da favela propõem produtos e serviços.

Como na maioria dos outros guetos da Puglia, a divisão do trabalho é impiedosa: os homens trabalham nos campos, as mulheres se prostituem. Sua remuneração é indexada aos salários dos homens, em função dos períodos de colheita e da lei de oferta e procura. As prostitutas também dependem de organizações criminosas. Assim como os trabalhadores são obrigados a pagar cinco euros por dia pelo transporte em caminhonete, elas têm de pagar dez euros para alugar o aposento onde recebem seus clientes, mesmo quando nenhum aparece.

"Diferentemente das mulheres dos guetos dos países da Europa Oriental, que trabalham nas plantações da Puglia, as africanas em geral não trabalham no campo", explica o sindicalista Raffaele Falcone. "Para sobreviver economicamente dentro dos guetos, elas têm apenas duas opções: serem sustentadas por um homem, o que é raro, ou se prostituírem, o que é bem frequente. Para as mulheres dos guetos dos países do Leste, a situação é diferente, mas não é melhor: o trabalho no campo, e o fato de ter um companheiro, não as livram de serem forçadas a se prostituir".

A cada inverno, nos guetos da Puglia, a proliferação de aquecedores improvisados provoca incêndios. Por serem feitos de materiais facilmente inflamáveis, os guetos são varridos pelo fogo em algumas dezenas de minutos, como aconteceu no Gran Ghetto de Rignano em 2016. Esses incêndios deixam vários feridos, corpos cobertos de queimaduras graves e também mortos, como no gueto búlgaro nos arredores de Foggia, em dezembro de 2016,[110] quando um rapaz de 20 anos pereceu, pego de surpresa pelas chamas no alojamento. Na noite do dia 2, quinta-feira, para dia 3, sexta, de março 2017, o Gran Ghetto foi totalmente destruído pelo fogo pela segunda vez. Dois imigrantes africanos morreram no incêndio.[111]

IV

GUETO GANA, CERIGNOLA, PUGLIA

Março de 2016. Enzo Limosano, cirurgião vascular aposentado, desliga o motor de sua picape na entrada do gueto. Pelo para-brisa do veículo percebo, mais adiante, as fazendolas em ruínas que formam um pequeno vilarejo. As portas do carro batem, atraindo um vira-lata e seus latidos. Saltamos do veículo e nos aventuramos numa estradinha enlameada onde lixo e detritos prosperam.

No Gueto Gana, como numa aldeia africana, o costume manda os visitantes recém-chegados irem prestar suas homenagens ao *capo tribù*, chefe de tribo: Alexander. "É aqui que ele vive", murmura Enzo Limosano, batendo numa tábua de madeira remendada que faz as vezes de porta. O teto do casebre tem furos tampados por papelão coberto de lona, esta sustentada pelo peso de pedras.

Faz frio. O gueto parece vazio. "Nesta estação, o trabalho nas plantações é raro. Muitos deixam o gueto para trabalhar em outros lugares e voltam depois, quando o tempo melhora, para as grandes colheitas", me explica Enzo Limosano, entrando no barraco. Na penumbra, descubro os rostos de três homens, revelados pelo fio de luz.

– *Ciao ragazzi*, onde está o Alexander? – pergunta o médico. Os dedos indicadores dos homens apontam na direção de onde o *capo tribù* dorme, sobre uma velha espuma de colchão, enrolado num cobertor. Atrás dele, num quadrado onde todos os móveis são improvisados ou recolhidos de ruínas, as paredes são cobertas com anúncios publicitários (afanados de pontos de transporte) de perfumes de luxo, de lingerie fina ou de joias, com nus femininos. Alexander, barba grisalha, vai despertando devagar. O homem é idoso, e seus gestos estão lentos por causa do sono. Ele sorri e nos deseja as boas-vindas ao gueto. O chefe de tribo é um trabalhador como os outros, não tem ligações com os *caporais*. É que a idade avançada de Alexander faz dele o veterano desse gueto majoritariamente habitado por ganeses.

As três silhuetas, ainda na obscuridade, nos observam, impassíveis. A seu lado reconheço um pôster com uma moto de corrida deitada na curva de um circuito.

– Pessoal, se vocês precisarem de um médico, a hora é agora. Vamos nos encontrar daqui a pouco no meu carro para uma consulta – avisa o cirurgião aposentado. Depois de vários apertos de mãos, partimos rumo a outras fazendolas arruinadas, para anunciar a chegada do médico.

Com exceção dos sindicalistas da FLAI-CGIL e da Irmã Paola, uma religiosa da vizinhança, Enzo Limosano é um dos raros italianos que se dignam a ir ao gueto de Cerignola. "Antes, em 2015, uma das principais ONGs italianas garantia cuidados médicos a esses pobres trabalhadores", me diz o médico. "Eles vinham com uma unidade móvel e o atendimento era de qualidade. Mas só o faziam porque a região de Puglia lhes dava um subsídio com esse fim. Quando o subsídio acabou, o programa de emergência cessou bruscamente, e eles não vêm mais ao gueto. Nem mesmo uma vez a cada dois meses, usando seus próprios fundos! No entanto, aqui eu posso garantir a você que nada mudou, nada melhorou, muito pelo contrário. A ONG continua a distribuir peças publicitárias com crianças africanas pobres nas estações italianas, ou na televisão, pedindo doações com imagens de zonas de conflito na África. Mas aqui, na Itália, no seio da União Europeia, eles são abandonados, os infelizes. O que não falta é doentes! É uma vergonha", indigna-se Enzo.

O médico não é um militante político nem voluntário de uma associação católica. É um homem que se viu, por acaso, cara a cara com a realidade de um mundo de cuja existência não desconfiava. "A primeira vez que vim aqui, confesso, foi também a primeira vez que tive vergonha de ser italiano. Então, desde aquele dia, faço o que posso, arrumo medicamentos com os farmacêuticos que se dispõem a cedê-los, faço a ronda das faculdades de medicina pedindo ajuda a estudantes ou residentes, e os que podem vêm aos domingos comigo, uma ou duas vezes por mês, aos guetos da Puglia."

Um serviço regional de distribuição de cisternas de água potável passa de vez em quando pelo gueto. Às vezes elas chegam em ritmo regular, semanal. Outras, ficam vazias semanas seguidas. Durante esses intervalos, o gueto é um lugar sem água potável.

O carro ambulatorial não se parece com uma daquelas unidades móveis de emergência com que a ONG contava quando visitava o lugar. É um velho calhambeque gasto, com os bancos puídos, compartilhado por diferentes organizações de caridade da Puglia. É, no entanto, o único veículo médico a chegar por essas bandas, até duas vezes por mês, para assegurar as consultas.

Enquanto o atendimento começa, dedico-me a percorrer o gueto e acabo conhecendo um togolês, único francófono da área. “Eu estou encalhado aqui”, lamenta, sem esconder seu desespero. Não é o primeiro africano que eu ouço, nos guetos italianos, dizer o quanto sente por ter vindo à Europa. Muitos homens chegam aqui cheios de esperanças, prontos para trabalhar duro. Começam um processo de asilo, são rejeitados, viram clandestinos. Não podendo circular, refugiam-se nos guetos, onde, pouco a pouco, se proletarizam, obrigados a gastar o que ganham no trabalho unicamente para a subsistência. Quando conseguem, a duras penas, fazer um minúsculo pé-de-meia, economizando pequenas sobras de um salário miserável, cedo ou tarde uma ligação telefônica de alguém que ficou no país de origem pede-lhes que enviem dinheiro. Para não decepcionarem alguém, para se mostrarem solidários ou continuarem fiéis à imagem que construíram de si mesmos ao chegarem à Europa – de alguém que conseguirá vencer a miséria –, eles seguem o roteiro, respeitam as tradições e enviam dinheiro aos seus. Passados alguns meses, são engolidos pela areia movediça.

No gueto, encontro outro homem, ganês, que precisa ir ao carro ambulatorial. Ele me explica no caminho as origens do ferimento em seu rosto: foi atingido por uma faca em uma rixa, por causa de um *caporal* que se recusava a lhe pagar vários dias de trabalho no campo. No carro, os pontos da ferida serão retirados. “Vamos lá, entre logo, são só uns pontos.” Eu o acompanho dentro do veículo. O cheiro de desinfetante toma conta da cabine. Como ele não sabe ler, antes que parta levando um pequeno saco de farmácia, Enzo Limosano escreve sobre uma caixa de medicamentos o número "2". Depois ele desenha dois traços, antes de mostrar, numa das mãos, a quantos dedos os sinais correspondem.

V

Julho de 2016, plena colheita de tomates. Estou de volta ao "Gueto Gana". Os imigrantes anglófonos são muito mais numerosos do que meses atrás. Um carro caindo aos pedaços que eu avistara em março, mas ao qual eu não tinha realmente prestado atenção, continua empacado sobre um declive à beira da estrada. Desta vez, a janela está aberta. Um homem negro vestindo uma blusa amarela está sentado no interior do veículo. Atordoado, ele permanece imóvel. Minutos se passam. Sua posição não muda. Decido me aproximar. Quando estou a poucos metros dele, é impossível cruzar com seu olhar vítreo, inexpressivo. Concluo que o homem vive na carcaça desse carro ao perceber o caos que ali reina. Ele mal percebe minha presença.

Então o cinquentão, um mendigo do gueto, começa a falar, balbuciando um inglês dificílimo de entender. Tentamos nos comunicar. Ele me mostra uma panela escurecida, coberta de sujeira. O cheiro da habitação é pestilento. Pergunto a ele se dorme no automóvel. Como resposta, ele me mostra a maneira como se estende sobre seus destroços para dormir, entre panos. Depois, exibe a enorme chaga purulenta que se espalhou e penetra em seus pés.

Por causa de sua ferida infectada, ele me faz entender, não pode mais ir à colheita. Seus olhos não apontam mais para o mundo que o rodeia. Parece que todo o universo se tornou, para ele, um imenso vazio, de trevas sem fim. Não pode mais vender sua força de trabalho, nem ter acesso a dinheiro algum. Nascido em Gana, vindo a Puglia trabalhar na agricultura muitos anos atrás, o homem sobreviveu o quanto pôde ao gueto, consumindo até suas últimas forças.

Elas se esgotaram.

E aqui está ele, encalhado no calor do verão. Um homem cuja existência se reduz a se alimentar de restos que outros proletários africanos se dignam a lhe trazer. Mesmo os cães vadios do gueto que erram pelas vizinhanças e dormem, despreocupados, à sombra de árvores têm uma vida mais desejável que a sua. Ele se apaga lentamente, tendo como único horizonte uma solidão infinita. Imóvel, sentado no banco da ruína, a porteira aberta sobre a doçura da noite que se aproxima.

CAPÍTULO 18

I

AS LUTAS PELO controle do mercado de trabalho na agricultura têm um longo percurso de combates políticos que são referências importantes na história da Itália. Se o Vale do Pó, no Norte, foi uma terra propícia ao surgimento da indústria do tomate, é também a região que permitiu a Benito Mussolini, após o fracasso esmagador nas eleições de 1919, existir politicamente, com o apoio decisivo de milícias paramilitares. Formados por ex-combatentes, esses esquadrões ajudaram Mussolini a fazer um nome num tempo em que o poeta-soldado Gabriele D'Annunzio era bem mais popular.

Em 1919, no contexto do pós-guerra e na esteira da Revolução de Outubro, os socialistas italianos obtiveram uma grande vitória eleitoral. É o início do *Biennio Rosso*, o "biênio vermelho", marcado por fortes mobilizações camponesas, por greves e ocupações de terras e de fábricas. No dia seguinte à sua vitória eleitoral, os socialistas, primeira formação política da Itália, organizam os trabalhadores agrícolas sem-terra, aqueles que ainda hoje são chamados *bracianti*. Os socialistas estabelecem um controle do mercado de trabalho na agricultura,[112] dando à palavra "socialista" seu sentido mais amplo: uma esquerda antiliberal que socializa o mercado de trabalho ao multiplicar a criação de bolsas de emprego – escritórios em que a mão de obra se organiza coletivamente. Os *bracianti* e seus sindicatos agem para que o trabalho se emancipe e que seu mercado não dependa mais da boa vontade dos detentores da terra e dos capitais.

Com a criação das bolsas de trabalho, as remunerações dos agricultores aumentam. As condições melhoram. Em 1920, no Vale do Pó, um proprietário de terra é obrigado a ir a uma bolsa de trabalho se quiser recrutar gente. Habituados a sua posição favorável de senhores incontestáveis sobre suas terras, os proprietários se veem forçados a negociar diante do poder crescente desses balcões de emprego. Os sindicatos socialistas difundem a ideia, entre os *bracianti*, de que o trabalho tem mais valor que a propriedade privada e as posições de *status* social.

Os proprietários de terras estão, no entanto, determinados a se livrar dos socialistas e restabelecer o antigo sistema capitalista, livres para empregar os *bracianti* a seu bel-prazer. Isso se mostra extremamente difícil para eles: ao tentar escapar das bolsas de emprego, as greves estouram. A situação é explosiva. Os proprietários pedem ajuda ao governo. Mas o primeiro-ministro da época, Giovanni Giolitti, um liberal corrupto e clientelista, quase octogenário, presidente do Conselho dos Ministros pela quinta vez, é incapaz, em 1920, de "restaurar a ordem" no país.

Os camisas negras resolvem cuidar do problema. Seis socialistas são assassinados na prefeitura de Bolonha em 21 de novembro de 1920, e, a partir daí o terror miliciano eclode. As tropas paramilitares, compostas de ex-combatentes que odeiam os socialistas por suas posições pacifistas e internacionalistas de 1915, destroem tudo o que está no seu caminho. Incendeiam sedes de jornais e gráficas, "casas do povo", bolsas de emprego, clubes ou associações partidárias... A Itália é tomada por uma grave instabilidade. O Partido Comunista nasce, em 21 de janeiro de 1921 de uma cisão entre os socialistas. Os governos liberais se sucedem. O Estado se desmancha. O caos prevalece.

Benito Mussolini tranquiliza os industriais e os proprietários de terras, posando de defensor do capitalismo. Em 24 de novembro, 1922, conquista poderes plenos. Em 19 de dezembro, a Confederação Geral da

Indústria Italiana (Confindustria) assina um acordo com as corporações fascistas. Em 1926, as greves são declaradas ilegais.

II

BRINDISI, PUGLIA

"O *caporalato* nada mais é que uma apropriação ilegal do mercado do trabalho", resume, em entrevista que me concede, Angelo Leo, secretário do sindicato FLAI-CGIL da província de Brindisi, na região da Puglia.[113] "Foi nos anos 1960 que os *caporais* apareceram, devido ao evento da motorização em massa. Um *caporal* é, antes de tudo, proprietário de um meio de transporte, geralmente uma minivan. É esse veículo que ele usa para levar os trabalhadores ao campo. Os primeiros desses capatazes eram, nos anos 1960, ex-trabalhadores agrícolas, a maioria italiana, que migraram para a Alemanha e voltavam para casa, no verão, de caminhonete. Pouco a pouco, em vez de tirar férias, eles começaram a tirar algum lucro de seus veículos. A agricultura italiana estava em plena transformação. Industrializava-se para satisfazer o advento do consumo de massa. As necessidades de mão de obra mudavam.

"Graças aos seus furgões, aqueles que estavam em condições de fornecer mão de obra aos produtores faturavam muito dinheiro. Na Itália, o *caporalato* não afeta exclusivamente os africanos, os romenos, os búlgaros. Esse fenômeno nasceu da exploração dos próprios italianos, que perdura. Aqui, por exemplo, em Brindisi, muitas mulheres italianas dependem dos *caporais* para encontrar trabalho. Elas podem percorrer até 50 quilômetros no furgão de um deles antes de chegar à plantação. Para essas mulheres, que não possuem em geral meios de locomoção privados, o furgão permite acesso ao seu local de trabalho. Por volta de 3 ou 4 horas da manhã, em locais ou ruas bem conhecidos, os *caporais* fazem diariamente o recrutamento.

"O *caporal* se torna, então, aquele que decide quem pode subir em seu furgão e quem não pode. Ele fixa suas condições. Se uma mulher se queixa, reivindica uma hora de trabalho cumprida, mas não paga, ela corre o risco de ser descartada sem aviso prévio no dia seguinte. Com a taxa de desemprego inacreditável que temos na Itália, as mulheres italianas do Sul são às vezes o pilar de uma família. Essa situação reforça sua vulnerabilidade diante dos caporais, que detêm o monopólio do trabalho.

"Como sindicalista, em quase 40 anos de militância na Puglia, eu vi o *caporalato* se desenvolver e conquistar proporções dramáticas. Os trabalhadores morrem nos campos a cada verão. De tempos em tempos, quando uma morte é revelada, o nome ou sobrenome do trabalhador é publicado na imprensa, nós tomamos conhecimento. Mas na maioria das vezes, e sobretudo se é um imigrante ilegal, o caso é enterrado, testemunhas da morte são compradas, e o cadáver do trabalhador é transferido de forma que os *caporais* possam dar sumiço ao corpo.

"Durante alguns anos, no fim da década de 1980, a região da Puglia e a de Basilicata assinaram um acordo graças ao qual centenas de trabalhadores agrícolas puderam se beneficiar de um projeto experimental de autogestão, que previa um transporte público de trabalhadores, uma organização pública do emprego, direitos sindicais e respeito às jornadas de trabalho. Os *caporais* se opuseram ferozmente. Começaram por incendiar veículos de transporte público, depois ameaçaram violentamente os dirigentes de empresas que haviam aceitado aderir ao projeto. Os *caporais* temiam que a ideia funcionasse e se tornasse um exemplo.

"Finalmente, como efeito da multiplicidade de agressões e do terror que disseminaram, a experiência fracassou. O projeto foi suspenso após um ataque violento dos *caporais* durante uma reunião da Liga dos Trabalhadores Agrícolas de Ceglie Messapica. Naquele dia, durante uma assembleia de mulheres que protestavam contra atos de violência sexual dos *caporais*, os brigadistas do crime organizado cercaram a Câmara do Trabalho. Dois *caporais* irromperam na assembleia. Eu me levantei e logo fui agredido fisicamente e ameaçado de morte. As mulheres fugiram, estavam aterrorizadas, temiam o pior.

"Os *carabinieri* chegaram, prenderam os *caporais*, que foram julgados e condenados. Mas muitas mulheres, após o atentado, sofreram traumas psicológicos e perderam a coragem de tocar o projeto. Pouco depois, o mercado de trabalho voltou por completo para a mão dos *caporais*."

III
SENADO, ROMA

Em 2011, uma lei contra o *caporalato* foi votada na Itália, mas não conseguiu erradicar o fenômeno, em parte porque a lei não previu legitimar o princípio de corresponsabilidade da grande distribuição nesse sistema de exploração. São, contudo, as grandes marcas que fazem fluir a produção contaminada pelo *caporalato*. A grande distribuição difunde em escala maior, em toda a Europa e às vezes até na América do Norte, caixas de tomates pelados colhidos na Puglia.

Hoje, as multinacionais – cujos grupos detêm as fábricas de conservas –, assim como os grandes distribuidores, se beneficiam ainda mais do *caporalato* que os produtores italianos, inclusive aqueles que utilizam os *caporais* para garantir a colheita de seus campos. Os produtores sofrem para viver corretamente, pois pelo quilo de seus tomates são pagas somas entre 7 e 10 centavos de euro.

Quanto ao *caporal*, muitas vezes um imigrante que fala bem italiano e subiu na vida ao virar mercador de escravos, sua remuneração varia muito caso a caso. Existem *caporais* para quem essa atividade é muito lucrativa, a ponto de render 10 mil euros por mês. São os mais impiedosos. Para outros, a remuneração pode ser bem modesta. De resto, os *caporais* são só a base de uma alta pirâmide, a do crime organizado. Quando as redes do crime sofrem um revés e caem, só os produtores e os *caporais*, esses que se lançam fisicamente aos campos, vão presos. As altas esferas do ramo ou da distribuição jamais se incomodam.

"O princípio de corresponsabilidade de toda a cadeia é a única solução viável para o problema", explica o senador da Puglia Dario Stefano (Sinistra Ecologia Libertà), relator de um novo projeto de lei contra o *caporalato*. "É preciso mudar a legislação na Itália e também em toda a Europa. A grande distribuição deve ser obrigada a assumir a corresponsabilidade de tudo o que se passa no setor e, de forma geral, em toda a agricultura. As grandes marcas não podem mais fechar os olhos e fingir que nada sabem das práticas de seus prestadores de serviços. Enquanto estas puderem fugir e se livrar de sua responsabilidade invocando a culpa dos fornecedores, o *caporalato* continuará sendo uma realidade na Europa. Uma legislação mais restritiva obrigaria o grande distribuidor a controlar o que vende, impedindo-o de fazer vista grossa."

A lei votada em 2011 não fez desaparecer a prática do *caporalato*, que, em 2017, ainda ganhava as manchetes de primeira página dos jornais italianos. Essa lei apenas envolveu os *caporais*, forçando-os a se adaptarem a uma nova norma: desde então, alguns deles abrem agências de trabalho temporário para dissimular suas atividades criminosas atrás de uma vitrine legal. No Sul da Itália, o uso de mão de obra africana não declarada proporciona um outro tipo de fraude: a das "jornadas agrícolas", jornadas de cotização social vendidas no mercado paralelo. Deste modo, é possível, a qualquer italiano, comprar cotas diárias de intermediários corruptos.

Essas "jornadas", que foram trabalhadas por operários agrícolas não declarados, em geral africanos, permitem em seguida a quem não trabalhou realmente, mas as compra, ter acesso a um auxílio-emprego, ou comprar "cotas" para sua aposentadoria. Tais direitos deveriam beneficiar os trabalhadores, mas são espoliados.

Além disso, o negócio de "jornadas agrícolas" permite ao produtor, ou ao *caporal* no comando de uma "agência temporária", resguardar-se em caso de eventuais fiscalizações posteriores – os fraudadores podem afirmar que realmente contrataram e declararam trabalhadores dentro da legalidade. Uma vez que o mercado de trabalho é privado, controlado por agências de emprego temporário, essa lucrativa fraude aumenta mais ainda as dificuldades dos africanos para obter contracheques e ter os seus documentos em ordem.

"É preciso também organizar com rigor a rastreabilidade completa do produto, do campo ao ponto de venda final, para que o princípio de corresponsabilidade tenha um sentido e seja ampliável", acrescenta o senador Dario Stefano, que insiste na ideia de que o *caporalato* não é um "problema italiano": os italianos não são os únicos responsáveis. Como em todo fenômeno complexo do capitalismo globalizado, a raiz do *caporalato* está num quadro econômico institucional global.

Esse fenômeno de exploração dos trabalhadores, esse ressurgimento do escravismo, nada mais é que o resultado de ideias liberais postas em ação: aquelas segundo as quais o Estado deve desaparecer para "deixar fazer, deixar passar".*

A história lembra como a escravidão é compatível com o liberalismo: o tráfico humano nunca se desenvolveu tanto como entre os séculos XVI e XVIII, período durante o qual os teóricos da "liberdade" o reinventaram graças ao dinheiro das novas aristocracias.[114]

Hoje, na agricultura do Sul da Itália, a "liberdade" só favorece a vontade particular de interesses privados. Em outros termos, a arbitrariedade. A existência de inúmeros guetos no centro da União Europeia, e a facilidade com a qual os *caporais* circulam nas estradas explorando os trabalhadores, semeando o terror e muitas vezes assassinando *bracianti* africanos que simplesmente reivindicam o devido pagamento, são apenas as ilustrações de uma realidade clamorosa.

---

* Da expressão francesa, no original, *laissez-faire, laissez-passer,* que simboliza a essência da doutrina liberal. [N.T.]

CAPÍTULO 19

I
ACRA, GANA

O quartel-general dos Liu é uma grande e luxuosa vila emoldurada por altas cercas elétricas, atrás das quais um pastor-alemão faz a guarda. O lugarejo fica no coração de uma zona residencial da alta burguesia de Acra, a mais de quatro horas da estrada para Kumasi. A vila conta com numerosos quartos, escritórios e um salão cuja parede é decorada com um imenso mapa de Gana. É nessa construção que vive e trabalha o clã. É aqui que se administram seus negócios africanos e se lançam suas ofensivas comerciais. A mais de 12 mil quilômetros de Pequim, reencontro e cumprimento o general Liu.

Embora não dirija mais a Chalkis desde 2011, Liu Yi continua a ser o homem forte da indústria vermelha. Para muitos, já estava morto e enterrado. Fizeram pouco da energia, astúcia e a ferocidade mercantil de um homem experiente nas rodas do regime chinês e expert das guerras econômicas.

Portanto, mesmo que ele não aparecesse mais nos anuários da cadeia mundial do ramo, fui descobrindo ao longo de minha pesquisa que ele controlava, na maior discrição, uma sociedade que se tornou fundamental no negócio de concentrados na África: a Provence

Tomato Products, empresa que fazia girar uma usina de 300 mil m²
instalada em 2014 na cidade de Tianjin. Para dirigi-la, um outro membro do clã Liu: seu filho, Haoan, conhecido também pelo seu nome ocidental, "Quinton". O general Liu não aparecia em nenhum organograma da sociedade, nem mesmo em fotografias, mas, nas sombras, o chefe era ele.

Como outros descendentes de oligarcas da sua geração, o filho do general Liu, nascido em 1987, cresceu nos Estados Unidos, país pelo qual ele renunciou à sua nacionalidade chinesa com o objetivo de conseguir um passaporte – para, alguns anos depois, renunciar à nacionalidade estadunidense, preferindo ser cidadão de São Cristóvão e Névis, um paraíso fiscal. O microestado de 251 km², composto de duas ilhas do Caribe, é mais conhecido pelos profissionais da evasão de divisas sob seu nome inglês: Saint Kitts and Nevis. O Estado especializou-se na venda de passaporte às elites transnacionais do planeta.

O documento permite que seu portador entre sem visto em mais de 100 países e territórios, como Hong Kong, Liechtenstein, Irlanda, Suíça e os estados-membros do espaço Schengen, da União Europeia. Para adquirir essa nacionalidade, convém desembolsar 250.000 dólares,[115] sem que seja preciso se deslocar. "De fato, basta pagar os serviços de um consultor jurídico. Três meses depois, você recebe o passaporte. E, do ponto de vista fiscal, é realmente muito interessante", garante Quinton Liu.

II

Depois de sua saída da Chalkis em 2011, o general Liu se dedicou à nova sociedade de Tianjin, Provence Tomato Products. Com o filho, ele primeiro mandou instalar no local linhas de recondicionamento de alta tecnologia, capazes de transformar o concentrado dos grandes barris azuis de Xinjiang em duplo concentrado pronto para comercialização, dentro de pequenas latas. A fábrica de conservas Provence relançou, então, marcas de concentrado bem implantadas nos mercados africanos, que haviam sido criadas nos anos faustosos da Chalkis sob a batuta do general Liu, e que seu clã ainda controla por meio de sociedades com domicílio em Hong Kong.

Por três anos, de 2014 a 2016, a Provence Tomato Products produziu em Tianjin, para suas próprias marcas e para as de distribuidores, assim como para grandes empresas concorrentes do *agrobusiness* – por exemplo, líder na África, a Gino, pertencente à Watanmal. No mesmo período, na África Ocidental, a Provence Tomato Products – impulsionada por uma equipe de vendedores, muitos francófonos – exportava mercadorias a Benim, Congo, Costa do Marfim, Mali, Gana, Quênia, Níger, Nigéria e Togo.

III

Apostando exclusivamente nos preços e na prática de administrar aditivos em seu concentrado, utilizando sem cessar doses cada vez mais elevadas, as fábricas de conservas chinesas deixaram-se arrastar por um terrível ciclo vicioso, que provocou um efeito econômico inesperado: para as usinas de Tianjin, rapidamente tornou-se pouco interessante do ponto de vista financeiro transformar e misturar o triplo concentrado na China e, depois, distribuí-lo na África.

A guerra do extrato chinês destinado aos africanos entrou em uma nova fase. Ficou claro que a "competitividade" impunha um novo paradigma: instalar fábricas de conservas na África, nas zonas portuárias, e transferir para lá o condicionamento e as misturas de aditivos em seus produtos. Aproximar-se do mercado final. Inútil aborrecer-se com a aquisição de direitos alfandegários sobre latas de conservas que não contêm o que afirmam conter. O ganho é maior quando as matérias-primas importadas custam menos que os produtos finais.

Foi por isso que a fábrica de Tianjin fechou, e os Liu passaram a morar na vila em Gana.

"Se eu tivesse permanecido na Chalkis", raciocina Liu Yi, sentado num sofá de seu salão ganês, "decidir por um desenvolvimento na África teria sido difícil. Minhas escolhas não seriam aplicadas tão rápido quanto eu gostaria, e eu não teria a liberdade de ação que tenho agora. Na África o mercado muda muito rápido. Adaptar-se a essas mudanças demanda decisões ágeis. Os sucessos mais brilhantes que obtive com a Chalkis ficaram para trás. Hoje, desejo novos desafios. A população de Gana não passa de 28 milhões, mas o consumo de concentrado *per capita* é dez vezes superior ao dos chineses. Quando a China ainda não cultivava tomates, eu quis desenvolver essa indústria, e é isso que eu ainda faço. Mas, hoje, o que eu quero é que os tomates entrem em milhares de lares no mundo inteiro. Meu objetivo na África é que o concentrado de Xinjiang seja retrabalhado, enlatado e consumido localmente. Meus negócios aqui se inscrevem no movimento de desenvolvimento chinês lançado recentemente pelo presidente Xi Jinping, do qual faz parte o grande projeto da 'nova rota da seda'. Se eu fosse resumir o que significa essa rota na indústria do tomate, eu diria que Xinjiang é o início, e Gana, o ponto de chegada."

IV
ZONA PORTUÁRIA DE TEMA, GANA

Um prédio industrial em ruínas à margem de uma estrada da zona portuária de Tema, um dos dois portos de águas profundas de Gana, 25 quilômetros a oeste de Acra. Na região, a Watanmal acaba de inaugurar uma fábrica de conservas onde produz, a partir da matéria-prima de barris de concentrado chinês e aditivos, suas marcas Gino e Pomo. Estou prestes a entrar numa das usinas da concorrência, onde o clã Liu produz, hoje, suas latas. Atrás dos portões, vejo homens que carregam engradados de papelão vermelho sobre caminhões. Uma placa enferrujada indica:

GN FOODS LTD.
FÁBRICA DE PROCESSAMENTO
DE CONCENTRADO DE TOMATE DE ZONA LIVRE

Quinton Liu, 29 anos, entra no prédio administrativo, onde me encontro e acabei de conhecer a diretora da unidade. Ela trabalhou em

Londres para importantes multinacionais e me concede uma entrevista, durante a qual exalta a qualidade da produção da fábrica.

A usina não é propriedade dos Liu, mas eles são os clientes e confiaram à unidade a produção de suas marcas Tam Tam e La Vonce. Na sequência de um acordo com a GN Foods, os Liu transferiram para cá uma de suas linhas de produção de Tianjin. A tensão entre Quinton Liu e a equipe ganense da fábrica é bem palpável: esses últimos, extremamente nervosos, não estão nada contentes com a visita de um jornalista e fazem tudo para me impedir de entrar nas oficinas.

Após exaustivas negociações entre Quinton Liu e a GN Foods, o pessoal ganês acaba cedendo: terei permissão para visitar a usina, mas estou proibido de me aproximar do início da linha de produção. Em resumo, nada de novo...

Blusas brancas e toucas nos são fornecidas no pequeno escritório de um encarregado. Na parede, enquanto vestimos nossos trajes especiais, percebo um mapa-múndi.

– Onde fica São Cristóvão e Névis? –, pergunto, sorrindo, a Quinton, que começa a procurar o microestado do qual é cidadão, aproximando o indicador do Caribe. A pesquisa fracassa.

– Eu também não faço ideia! – diverte-se, às gargalhadas. – Nunca pus os pés lá!

Enquanto percorro a oficina, onde desfilam latas de conserva, compreendo que os Liu transferiram às pressas para cá uma parte de sua fábrica de Tianjin. A instalação é inacreditável: se não houvesse seu nome em letras grandes na entrada da usina, eu teria certeza de se tratar de uma unidade clandestina. Paredes foram sumariamente quebradas a marretadas para deixar passar a linha de produção. Os tijolos estão à mostra, e as paredes, sem revestimento.

Enfio um dedo num bloco de tijolo quebrado e recolho a poeira, num local muito próximo das máquinas-ferramentas. Os Liu estão produzindo aqui, no máximo, há um mês.

Durante a visita, instalo-me no alto de uma escada metálica, no parapeito da unidade. De uma plataforma, contemplo toda a sua extensão.

A visão é perfeita, especialmente do início da linha, onde vejo um operário abrir ostensivamente, a golpes de estilete, grandes sacos de pó branco e depois esvaziá-los numa misturadora. Após descermos, pergunto ao diretor da usina, um executivo ganês, onde ficam os estoques de concentrado de tomates.

– Estão longe daqui, do outro lado da estrada que dá acesso à fábrica – ele informa. Num primeiro momento, a resposta parece normal. Entretanto, alguns minutos mais tarde, eu me pergunto: desde quando, numa fábrica de conservas, o concentrado, matéria a ser transformada, é estocado do outro lado de uma estrada?

V

Minutos depois, quando chega o momento mais favorável à minha fuga, decido explorar discretamente a parede externa da oficina para, dali, tentar chegar ao início da linha de produção. Mapeando mentalmente toda a extensão da fábrica, deduzo que é lógico e provável que os estoques se encontrem do lado de cá, perto da "área proibida" no início da linha, onde eu vi claramente que o concentrado é misturado a aditivos.

No alvo! Sem ter atravessado nenhuma estrada, encontro grandes barris azuis em estoque – o concentrado chinês que a GN Foods reprocessa. São barris da Chalkis. Concluo que seguiram o caminho habitual: transformação, depois estocagem em Xinjiang; transporte em trem através da China antes de percorrer oceanos dentro de contêineres até serem descarregados aqui, em Tema, ou Gana. Agora eles estão armazenados num quintal desta fábrica insalubre. Os barris estão cobertos de sujeira, estocados ao ar livre. Muitos não têm mais tampas, atacados pela corrosão. Suas bolsas prateadas brilham sob a luz. Seu estado deplorável me intriga. Sou tomado por uma dúvida.

Aproximo-me, tateio uma bolsa asséptica. Está cheia. Vamos em frente. Enfio a mão numa delas, ao acaso, para extrair um pouco de concentrado. Com os dedos suados, a respiração curta, amasso a matéria-prima.

Eu sabia que isso existia, os fiscais de alfândega me haviam descrito.

Mas como se pode fornecer a seres humanos um alimento tão repugnante?

A pasta que extraio da bolsa asséptica não é vermelha.

É preta. A tinta preta, como é conhecida.

VI

Sem levantar suspeitas, estou de volta à usina. Pelo restante da visita, quando tenho a oportunidade de ficar só, esforço-me para conseguir com eles informações sumárias sobre as condições de trabalho. A maioria me explica que sua rotina na unidade é terrível. Afirmam que seu trabalho não é declarado e que ganham o equivalente a 100 euros por mês, por jornadas extenuantes de dez horas por dia, seis dias por semana. Em Gana, a mão de obra é três a quatro vezes mais barata que na China. De repente, o telefone de Quinton Liu toca. O diretor ganês lhe diz que não deve falar ao telefone no interior da fábrica.

Uma tempestade atravessa a fisionomia do jovem asiático, que se afasta a tempo de atender à ligação. Ao voltar, ele está furioso e descarrega a raiva, aos berros, no responsável ganês:

– Qual é o seu problema? Eu não posso telefonar na fábrica? Quem você pensa que eu sou? Você sabe quem eu sou? Quer que eu mande as máquinas de volta para a China? É só eu dar uma ordem, e essas máquinas são todas enviadas de volta! É isso o que você quer? Se é isso, então diga!

O funcionário ganês parece descobrir o sentido da expressão *Chináfrica*. Ele abaixa a cabeça e se submete:

– *It's OK, sir. I'm sorry.* [Tudo bem, senhor. Sinto muito.]

No fim de linha, os operários ganeses apanham as caixas de papelão La Vonce cheias de latas de conservas, fechando-as com fita-crepe e preenchendo os engradados, sob o olhar vigilante dos encarregados chineses usando camisetas da fábrica desativada de Tianjin e nas quais hoje se lê a palavra "Provence". Quinton Liu continua estressado. Desta vez, a vítima de sua fúria é um chinês:

– Os africanos puseram demais? Você pode lhes ensinar como fazer, mas não pode fazer no lugar deles! Entende? A única coisa que nós devemos fazer sozinhos são essas merdas de ingredientes, isso é nossa tarefa. O que não podemos, de jeito nenhum, é trabalhar no lugar deles!

Quando visitei Gana, em novembro de 2016, os Liu produziam mensalmente o equivalente a 70 contêineres de latas de concentrado para a GN Foods. "Nosso objetivo, que atingiremos em 2017, é produzir o correspondente a 200 contêineres por mês", garante Quinton Liu. "Isso nos deixará muito próximos do que produzíamos na fábrica Provence, de Tianjin. O mercado ganês representa anualmente 7 mil contêineres. Com 200 por mês, nós podemos fornecer até 2.400 contêineres por ano, ou seja, um terço do mercado."

As caixas de papelão vermelhas agora se acumulam fora da oficina. Operários carregam os caminhões. As caixas serão descarregadas esta noite nos depósitos de atacadistas. Depois, em poucas semanas, nos mercados. Em troca de algumas notas amarrotadas, muitas mãos irão se esticar na direção dessas pequenas latas vermelhas.

"Atingindo também alguns países fronteiriços, nossa meta é chegar aos 100 milhões de dólares de faturamento anual", conclui Quinton Liu.

VII
KUMASI, REGIÃO DE ASHANTI, GANA

No meio da multidão, buzinadas e descargas de fumaça de motores remediados, bandos de triciclos, picapes e vans vêm e vão. No clamor e na poeira, equilibrados sobre as cabeças das mulheres ou sobre carrinhos de mão avariados empurrados por homens, o movimento de latões e caixas de papelão compõe um espetáculo caótico: o de um longo desfile ininterrupto de mercadorias.

Para encher um caminhão de sacos de arroz, homens formam uma corrente, rigorosa e fluída. O trabalho é concluído em tempo recorde. Poucos minutos são suficientes para negociar um lote de óleo vegetal. Os pilotos de Motor King pagam, depois carregam dezenas de caixas de papelão de concentrado chinês para entregá-las o mais rápido possível. Destinos: outros mercados de Gana, do Togo ou de Burkina Faso.

Por trás de um aspecto de bazar arcaico, em que rostos de nababos comandam um exército de braços, e apesar de sua desordem estonteante, o mercado de Kumasi, o maior da África Ocidental, oferece uma excelente perspectiva de análise da nova geopolítica do tomate industrial.

Em Gana, porta de entrada do concentrado chinês na África, Kumasi tornou-se o grande ponto de confluência dos gêneros alimentícios agrícolas. A gigante praça onde borbulham mil atividades representa um nó econômico onde se enlaçam as mercadorias importadas e sua difusão para os mercados de todos os vilarejos e aldeias. No coração do império do ouro vermelho, Kumasi é uma dessas cidades nas quais se inscreve, hoje, a sua história. "O óleo, o arroz e o concentrado de tomates representam os maiores volumes de venda em Kumasi", informa Quinton Liu.

Nós nos enfiamos nos labirintos de ruas do mercado, com sua pequena equipe: um vendedor ganês que fala o twi, língua do povo Ashanti, de Gana, e dois outros chineses, todos mais velhos que Quinton, mas sob suas ordens. Acima de nós circulam bens diversos, equilibrados sobre as cabeças das mulheres que percorrem o mercado. As mercadorias não param de zanzar pelo alto e me hipnotizar, dando a impressão de que passam por uma espécie de esteira aérea. A maior parte dos atacadistas está numa grande artéria congestionada de veículos, diferentemente da maioria dos comerciantes, cujos balcões ou lojas ficam em pequenas construções de térreo ou no primeiro andar de prédios em péssimo estado. Essas ruínas fornecem uma visão do oceano de placas de metal que constituem o mercado coberto.

Pelas escadarias correm crianças desocupadas. Nos corredores abertos, acima do burburinho que chega do mercado, homens em farrapos hibernam, à sombra, deitados sobre placas de papelão.

"Neste mercado, nós encontramos pelo menos 50 marcas de concentrado de tomate, e 90% delas são produzidas por empresas chinesas.

As fábricas da China trabalham tanto para as marcas de distribuidores quanto para suas próprias marcas", detalha Quiton Liu.

No seu antebraço esquerdo, noto uma grande tatuagem, de um navio de aspecto ofensivo: um galeão armado para a guerra econômica. "Tornou-se vital para a China exportar seu concentrado à África. Xinjiang tem tantas usinas que está precisando sempre de portos de escoamento. A África é um deles, extremamente promissor. Nosso negócio aqui é bem diferente do trabalho que eu e meu pai tivemos em Tianjin com a fábrica Provence. Aqui, tenho que ficar mais perto dos mercados, observar minuciosamente o que se passa e entender as estratégias dos concorrentes".

Por cinco horas, vagamos pelo mercado, conversando, um por um, com todos os atacadistas de Kumasi especializados em extratos de tomate importados. A rota do passeio foi preparada no terraço do Royal Park Hotel, um hotel chinês de Kumasi, pela equipe de Quinton Liu, que tem seus hábitos. O empresário quer saber tudo sobre os atacadistas: os preços praticados, as propostas dos competidores, seus fluxos, o estado de seus estoques, o retorno dos clientes. Percebo que os Liu trabalham com grandes distribuidores ganeses que fornecem a outros atacadistas, e que se trata de verificar suas declarações e controlar os preços.

Um vendedor no atacado me autoriza a visitar seu depósito. Percorro um labirinto de caixas de concentrado de tomate. As embalagens ocupam todo o espaço, do chão ao teto, numa altura de dois metros. Essa maneira de estocar a mercadoria é perigosa pois as conservas não devem ser pressionadas por centenas de outras, sob o risco de se estragarem e tornarem-se tóxicas: por trás de sua aparência robusta, as latas em folhas de flandres devem ser manipuladas com cuidado. Mas, do Tianjin a Gana, acabei entendendo que ninguém nesse negócio se preocupa muito com essa regra básica da indústria agroalimentar.

O espetáculo dessa caverna de concentrado é impressionante. O mesmo acontece com outros atacadistas. Eu vi com meus próprios olhos, e está claro: no que se refere ao concentrado de tomates, Gana é definitivamente um território chinês. Aqui, as cinco marcas mais importantes são: Pomo (distribuída pela Watanmal), Gino (Watanmal), Tasty Tom (Olam), La Vonce e Tam Tam. Todas contêm concentrado chinês e aditivos, o que, em si, não é ilegal quando a informação está disponível ao consumidor. A Tasty Tom mudou a denominação de seu produto: agora, é um *mix tomato*, ou seja, mistura de tomates. A marca encontrou um argumento comercial para seu concentrado com aditivos, divulgado em anúncios de *outdoor* em novembro de 2016: "*Enriched Tomato Mix. Vitamins Enriched. Added Fibre. For Tasty Meals, Good For You*" ["Mistura de tomate enriquecida. Vitaminas enriquecidas. Fibras adicionadas. Para refeições saborosas, bom para você"]. As fibras seriam, assim, boas para a saúde.

Já a Pomo especifica a composição do seu produto e mudou sua denominação. La Vonce e Tam Tam, as marcas do clã Liu, não param de conquistar fatias do mercado graças a uma política comercial e publicitária muito agressiva. "Na China, para esperar vender 400 milhões de dólares de latas de conserva de tomate no supermercado de uma marca desconhecida do consumidor, é preciso gastar 70 milhões em publicidade", calcula Quinton Liu antes de começar a rir ao descrever os montantes, de algumas dezenas de milhares de dólares apenas em cada campanha, que custaram a ele as recentes compras de publicidade em Gana.

Sejam chamadas de rádio ou anúncios em grandes cartazes e *outdoors* pelo país, hoje é impossível escapar dos slogans que exaltam o tomate. Os grandes cartazes que promovem La Vonce, marca muito recente que contém apenas produto chinês aditivado, afirmam sem escrúpulos: "A qualidade da tradição". Com as cores da Itália, é claro.

A exemplo do que faz um grande número de marcas na África, à imagem das confeitarias Mentos que fornecem a seus revendedores aventais com as cores da marca, os Liu distribuem aos revendedores camisetas com seu logo. Quanto à Gino, a marca número um na África, ela entupiu a África Ocidental de murais quase tão invasivos quanto os que promovem os refrigerantes americanos.

Durante nossa ronda pelo mercado, Quinton Liu compra, metodicamente, todas as latas de concentrado de seus concorrentes. Um de seus homens leva uma provisão de sacos plásticos. "Todas essas latas serão entregues a partir desta noite aos meus químicos", anuncia o jovem empresário.

VIII
ACRA, GANA

A jornada termina, e reencontro uma última vez os Liu no seu quartel-general em Acra. Enquanto o filho Quinton estava em Kumasi, o general Liu passou uma parte do dia no Ministério do Comércio de Gana. O filho mostra ao pai as latas de concentrados da concorrência, compradas no grande mercado, e dispõe amostras numa grande mesa. Neste momento um homem se junta a nós. Tímido, ele usa óculos de vidro grosso. Depois de passar o braço direito em torno de seu pescoço, Quinton Liu me apresenta o amigo:

– Você vê esse sujeito? Ele vale milhões! É o nosso químico, a prata da casa. Trabalhou para nós em Tianjin, na fábrica Provence, e agora faz milagres aqui – comemora.

Dê-lhe uma amostra de *black ink*, ou de tinta preta, a massa de tomate mais barata do mercado mundial, e diga-lhe que porcentagem de matéria-prima você deseja colocar numa lata de conservas. É uma promessa: o químico dos Liu encontrará a receita adequada, as taxas ótimas de aditivos que vão fazer com que o produto seja apresentável.

O negócio não é nada simples: quando se acrescenta muita água a um triplo concentrado chinês de coloração preta, é preciso também acrescentar amido ou fibra de soja. Se a mistura ficar clara demais, será necessário apelar para os corantes. O uso de corantes, por sua vez, faz a massa perder em viscosidade e não se parecer mais com um concentrado de tomate. Só um especialista tem condições de encontrar a exata proporção de cada ingrediente. Sua receita mais recente: 31% de concentrado para 69% de aditivos.

– Veja, estas são as latas de hoje! – exulta Quinton Liu, entregando ao químico o concentrado da concorrência que comprou naquele dia. O homem desaparece sem demora, a caminho de seu laboratório. Sua missão é revelar aos Liu o percentual real de concentrado de tomate contido em cada lata. O clã deseja saber como a concorrência se vira para chegar às suas misturas e adições.

O general Liu retoma a palavra e diz, voltando-se para o filho:

– É inútil falar de preços agora. Aguardemos os resultados, e amanhã discutimos. Com a análise pronta, eu conhecerei seus custos, e poderemos ajustar nossa estratégia.

Liu Yi aperta minha mão e me deseja um bom retorno à França. Em seguida, se retira. Seu filho me acompanha até o alpendre da luxuosa vila em que moram, onde fica a saída e onde o pastor-alemão assume a postura de alerta e me escolta.

O compromisso do general Liu no Ministério do Comércio foi muito bem, como Quinton Liu faz questão de me informar.

– Aqui, os terrenos não são caros. Daqui a poucos meses, teremos condições de construir nossa própria fábrica no país e transferir todas as nossas linhas de produção de Tianjin para Gana. Pensamos até em abrir um cassino aqui.

Lanço um último olhar para as altíssimas proteções eletrificadas que rodeiam o complexo residencial. São fragilmente iluminadas por uma pálida lâmpada. A noite é abafada e sem estrelas.

– Um cassino?

Quinton afaga a cabeça do imponente cão.

– Sim – ele responde. – Uma sala de jogos.

Roma-Toulon,
junho de 2014 a abril de 2017.

NOTAS DE REFERÊNCIA

1 Centro de estudos e de prospecção, "O tesouro chinês no comércio internacional agrícola e seus impactos sobre o sistema agroalimentar francês", 2012.

2 "Les agricultures de firme", *Études rurales* ["As agriculturas de firma", *Estudos rurais,* tradução livre], nº 191, volumes I e II, Éditions de l'EHESS, 2013.

3 *Invitation à la vente aux enchères. Roux Troostwik. Société de ventes volontaire de meubles aux enchères publiques,* brochure descriptive de la vente aux enchères. Collection de l'auteur [*Convite para leilão. Roux Troostwi. Sociedade de vendas voluntárias de móveis em leilões públicos.* Folheto descritivo do leilão. Coleção do autor. Tradução livre].

4 Pierre Haski, "Les Chinois croquent la tomate transformée française" ["Os chineses devoram o tomate transformado francês", tradução livre], *Libération,* 12 de abril, 2004.

5 *Tomato News,* abril, 2015.

6 *Tomato News.*

7 Prefácio a Eleanor Foa Dienstag, *In Good Company: 125 Years at the Heinz Table* [*Em boa companhia: 125 anos à mesa com a Heinz,* tradução livre], NY, Warner Books, 1994.

8 Quentin R. Skrabec, *H. J. Heinz, A Biography* [*H.J. Heinz, uma biografia,* tradução livre], p. 182.

9 E. D. Mc Cafferty, *Henry J. Heinz,* New York, Bartlett Orr Press, *1923.*

10 Howard Zinn, *A People's History of the United States* [*Uma história do povo dos Estados Unidos,* tradução livre], New York, Harper Collins, 1980.

11 *Marx and Engels on the Trade Unions* [*Marx e Engels sobre sindicatos,* tradução livre], editado por Kenneth Lapides, New York, Praeger, 1986.

12 Eleanor Foa Dienstag, *In Good Company: 125 Years at the Heinz Table* [*Em boa companhia: 125 anos à mesa com a Heinz,* tradução livre], 1994.

13 "The Story of Pittsburgh and Vicinity" ["A história de Pittsburgh e vizinhanças", tradução livre], *The Pittsburgh Gazette Times,* 1908.

14 Quentin R. Skrabec, *H.J. Heinz, A Biography* [*H.J. Heinz, uma biografia, tradução livre],* p. 189.

15 Daniel Sidorick, *Condensed Capitalism: Campbell Soup and the Pursuit of Cheap Production in the Twentieth Century* [*Capitalismo condensado: Sopa Campbell e a busca da produção barata no século XX, tradução livre*], Ithaca (NY), ILR Press, 2009.

[16] Quentin R. Skrabec, *The World's Richest Neighborhood: How Pittsburgh's East Enders Forged American Industry* [*O bairro mais rico do mundo: como os East Enders de Pittsburgh forjaram a indústria americana,* tradução livre], New York, Algora Publishing, 2010.

[17] 18 de outubro, 2016, SIAL, Paris.

[18] "A cruzada anticorrupção no seio do Partido Comunista Chinês", *Le Monde,* 24 de outubro, 2016.

[19] Entrevista com Liu Yi, 21 de agosto, 2016.

[20] Martine Bulard, "Quand la fièvre montait dans le Far West chinois" ["Quando a febre aumentava no Faroeste Chinês", tradução livre], suplemento *Le Monde diplomatique,* agosto, 2009.

[21] Pierre Rimbert, "Le porte-conteneurs et le dromadaire" ["O porta-contêineres e o camelo", tradução livre], *Manière de voir,* nº 139, fevereiro-março, 2015.

[22] 26 de julho de 2016.

[23] Informação do procurador da República italiano da Nocera Inferior, outubro de 2010, Mara Monti e Luca Ponzi, *Cibo criminale* [*Alimento criminoso*, tradução livre], Roma, Newton Compton, 2013.

[24] "Architecture mondiale des échanges en 2015" [Arquitetura mundial do comércio em 2015, tradução livre], *Tomato News*, janeiro, 2017.

[25] "Porto de Alger: apreensão de 40 contêineres de concentrado de tomates vencidos, importados da China". Disponível em: <www.reflexiondz.net>, 21 de setembro, 2014.

[26] Observatório da complexidade econômica, disponível em: <www.atlas.media.mit.edu>.

[27] "Beja: apreensão de 30 mil latas de conserva de tomates vencidas", disponível em: <www.jawharafm.net>, 17 de março, 2016.

[28] Observatório da complexidade econômica, disponível em: <www.atlas.media.mit.edu>.

[29] "Apreensão de 400 toneladas de concentrado de tomates vencido", disponível em: <www.jawharafm.net>, 24 de abril, 2015.

[30] "Apreensão de mais de um milhão de latas de tomates em conserva impróprias ao consumo", disponível em: <www.tuniscope.com>, 25 novembro, 2013.

[31] "NAFDAC fecha empresa por reembalar tomates vencidos", disponível em: <www.pmnewsnigeria.com>, 22 março, 2011.

[32] Observatório da complexidade econômica, disponível em: <www.atlas.media.mit.edu>.

[33] "LASG descobre reenlatamento ilegal de massa de tomate em fábrica. Dois presos", disponível em: <www.tundefashola.com>, 4 de dezembro, 2008.

[34] "Quirguistão devolve toneladas de tomate expirado para a China", disponível em: <www.rferl.org>, 11 de fevereiro, 2011.

[35] *Agromafie e Caporalato. Terzo rapporto* [*Agromáfias e Caporalato. Terceiro relatório*, tradução livre], FLAI-CGIL, Ediesse, 2016.

[36] "Agromáfia, negócio de 60 bilhões. Orlando e Martina: acelerar os dois projetos

de lei contra os crimes no ramo e o Caporalato". *Il Sole 24 Ore,* 17 de fevereiro, 2016.

[37] Associação Nacional de Conservas Alimentares Vegetais da Itália, estatísticas, 2016.

[38] Entrevista com o negociante Silvestro Pieracci, 25 de julho, 2016.

[39] Comissão parlamentar de inquérito sobre o fenômeno da máfia e sobre outras associações criminosas, Itália, 17 de outubro, 1995.

[40] Entrevista com Roberto Iovino, responsável legal do sindicato FLAI-CGIL.

[41] "Foggia, propina para não sabotar caminhões de tomates: seis presos", *La Repubblica,* 17 de junho, 2016.

[42] "Máfia do tomate, Princes. Decapitado o clã Sinesi: algemas para o 'tio' Roberto". Disponível em: <www.immediato.net>, 17 de junho, 2016.

[43] "Extorsão do tomate: presos todos os suspeitos, inclusive o chefão Sinese". Disponível em: <www.ilmattinodifoggia.it>, 8 de julho, 2016.

[44] "Os tomates '*made in Italy*' são chineses. Produtor italiano acusado de fraude", *La Repubblica,* 28 de fevereiro, 2013.

[45] Mara Monti e Luca Ponzi, *Cibo criminale,* 2013.

[46] "Pulp fiction: purê de tomate Asda '*made in Italy*' vem da China", *The Guardian,* 27 de fevereiro, 2013.

[47] "Os precedentes", *La Città di Salerno,* 31 de dezembro, 2005.

[48] "Tomate com insetos e vermes", *La Città di Salerno,* 18 de novembro, 2005.

[49] Marc Dana e Guillaume Le Goff, "O mercado do molho italiano, suculento e às vezes fraudulento. O concentrado italiano, muito consumido na França, já havia sido acusado de fraude antes. France 3 cobriu a produção do setor, nem sempre '*made in Italy*'", *France 3,* 14 de abril de 2014, disponível em: <www.ancetvinfo.fr/economie/commerce/video-le-grand-trafic-dela-tomate-chinoise-estampillee--made-in-italy-touche-toute-leurope_577077.html>.

[50] Artigo sem título, *La Città di Salerno,* 20 de junho, 2007.

[51] "Em Salerno, a central de análises falsas: escorias nocivas transformadas em adubo. Novas investigações". *Il Mattino,* 15 de julho, 2008.

[52] "Certificados falsos, agora tremem os industriais", *La Città di Salerno,* 16 de julho, 2008.

[53] "Controle sobre os tomates chineses? 'Faça-me um certificado legítimo'." *Il Mattino,* 15 de julho, 2008.

[54] "As interceptações", *La Città di Salerno,* 16 de julho, 2008; "Interceptacões: descoberto laboratório em S. Egidio", NoceraTV.it, 16 de julho, 2008.

[55] "Tomates falsos de origem controlada. Condenado ex-dirigente de fábrica", *La Città di Salerno,* 29 de novembro, 2012.

[56] "Falso San Marzano vendido nos EUA, condenada empresária de Angri", tradução livre, *Corriere del Mezzogiorno,* 16 de fevereiro, 2016.

[57] Nicolas Appert, *Le Livre de tous les ménages, ou l'art de conserver pendant plusieurs années toutes les substances animales et végétales* [*O livro de todos os trabalhos domésticos, ou a arte de conservar por muitos anos substâncias animais e vegetais,* tradução

livre], Paris, Charles-Frobert Patris, 1831 [1ª éd. 1810].

[58] Jean-Paul Barbier, *Nicolas Appert, inventeur et humaniste* [*Nicolas Appert, inventor e humanista*, tradução livre], Paris, Éditions Royer, 1994.

[59] Xavier Dubois, *La Révolution sardinière. Pêcheurs et conservateurs em Bretagne au XIXe siècle* [*A revolução da sardinha. Pescadores e conservadores na Bretanha no século XIX*, tradução livre], Rennes, Presses universitaires de Rennes, 2001.

[60] John F. Mariani, *How Italian Food Conquered the World* [*Como a comida italiana conquistou o mundo, tradução livre*], Nova York, Palgrave Macmillan, 2011.

[61] David Gentilcore, *Pomodoro! A History of the Tomato in Italy* [*Pomodoro! Uma história do tomate na Itália*, tradução livre], Nova York, Columbia University Press, 2010.

[62] Museu do Tomate Industrial, Parma.

[63] Dr. Carlo Boverat, *L'industria italiana delle conserve di pomodoro e la sua posizione sul mercato* [*"A indústria das conservas de tomate e sua posição no mercado*, tradução livre], 1958. Coleção do autor.

[64] Attilio Todeschini, *Il pomodoro in Emilia* [*O tomate na Emilia, tradução livre*], *Istituto Nazionale di Economia Agraria*, 1938. Coleção do autor.

[65] Pianeta Italia. Arte e Industria [Planeta Itália. Arte e Indústria, tradução livre], Giovanni Pacifico Editore.

[66] Attilio Todeschini, *Il pomodoro in Emilia* [*O tomate na Emília*, tradução livre], Istituto Nazionale di Economia Agraria, 1938. Coleção do autor.

[67] Entrevista com Alberto Capatti, 24 de agosto, 2016.

[68] Entrevista com o general Liu, 21 de agosto, 2016.

[69] Entrevista com Silvestro Pieracci, 25 de julho, 2016.

[70] Entrevista com o General Liu, 21 de agosto, 2016.

[71] Entrevista com Armando Gandolfi, 26 de julho, 2016.

[72] Bill Pritchard e David Burch, *Agri-food Globalisation in Perspective. International restructuring in the processing tomato industry* [*A globalização do agroalimento em perspectiva. Reestruturação internacional na indústria do processamento de tomates*, tradução livre], Farnham, Ashgate, 2003.

[73] Departamento de Agricultura dos EUA, Serviço de Agricultura Estrangeira 2002b, p. 4.

[74] Entrevista com Rebiya Kadeer, 10 de julho, 2016.

[75] Entrevista de Hartmut Idzko, www.arte.tv, 1º de setembro, 2015.

[76] Leslie H. Gelb, *Kissinger means business* [*Kissinger, sinônimo de negócios*, tradução livre], *The New York Times*, 20 de abril, 1986.

[77] Andrew F. Smith, *Pure Ketchup: A History Of America's Nacional Condiment* [*Puro ketchup: uma história do condimento nacional americano*, tradução livre], Columbia, University of South Carolina Press, 2011.

[78] "Heinz vai sozinha ao Zimbábue", *The New York Times*, 27 de fevereiro, 1989.

[79] "Heinz vai sozinha ao Zimbábue", *The New York Times*, 27 de fevereiro, 1989.

[80] Relatório "Heinz Company", Centre for Research on Multinational Corporations (SOMO), 1993.

[81] Greenpeace, "Arroz geneticamente modificado ilegal em comida de bebê da Heinz chinesa", 14 de março, 2006.

[82] L. Bollack, "Leite contaminado: Heinz decide não mais se abastecer de leite chinês", *Les Échos,* 30 de setembro, 2008; "Melamina descoberta na comida para bebês da Heinz", *7sur7.be,* 27 de setembro, 2008.

[83] Sally Appert, "China: com nível de mercúrio muito elevado, alimentos para crianças voltam à usina", *Epoch Times,* 7 de maio, 2013.

[84] "Heinz retira de circulação alimentos para bebês na China após uma possível contaminação por chumbo", *L'Usine nouvelle,* 19 de agosto, 2014.

[85] Relatório "Heinz Company", Centre for Research on Multinational Corporations (SOMO), 1993.

[86] Relatório "Heinz Company", Centre for Research on Multinational Corporations (SOMO), 1993.

[87] Relatório "Heinz Company", Centre for Research on Multinational Corporations (SOMO), 1993.

[88] Eleanor Foa Dienstag, *In Good Company: 125 Years at the Heinz Table* [*Em boa companhia: 125 anos à mesa da Heinz,* tradução livre], NY, Warner Books, 1994.

[89] Entrevista com Chris Rufer, 27 de agosto, 2016.

[90] Eleanor Foa Dienstag, *In Good Company: 125 Years at the Heinz Table [Em boa companhia: 125 anos à mesa da Heinz,* tradução livre], NY, Warner Books, 1994.

[91] Arthur Allen, Ripe. *The Search for the Perfect Tomato* [*Em busca do tomate perfeito,* tradução livre], Berkeley, Counterpoint, 2010.

[92] Jean-Luc Danneyrolles, *La Tomate* [*O tomate,* tradução livre], Arles, Actes Sud, 1999.

[93] Gary Paul Nabhan, *Aux sources de notre nourriture. Vavilov et la découverte de la biodiversité* [*As fontes de nossa alimentação. Vavilov e a descoberta da biodiversidade,* tradução livre], Bruxelas, Éditions Nevicata, 2010.

[94] Alain de Janvry, Phillip LeVeen, David Runsten, *The political economy of technological change: mechanization of tomato harvesting in California* [*A economia política da mudança tecnológica: mecanização da lavoura do tomate na Califórnia,* tradução livre], Berkeley, University of California, 1981.

[95] Entrevista com Antonio Petti, 2 de agosto, 2016.

[96] Em julho de 2012, um artigo mostrava que exportadores europeus de concentrado de tomate para o mercado africano se queixavam da concorrência desleal que os "*repackers*" [reempacotadores] chineses faziam ao colocar em circulação um extrato adulterado, misturado com fibras vegetais. Emma Slawinski, "Exporters denounce substandard Chinese canned tomato paste" [Exportadores denunciam extrato de tomate enlatado chinês abaixo do padrão, tradução livre], *Food News,* 6 de julho, 2012.

[97] Entrevista com Armando Gandolfi, 26 de julho, 2016.

[98] Mohammed Issah, "O direito à alimentação dos produtores de tomate e aves", tradução livre, *Send Foundation et Union européenne,* novembro, 2007.

[99] Romain Tiquet, "Que reste-t-il de Savoigne, utopie villa-geoise du Sénégal de

Senghor?" [O que foi feito da Savoigne, cidade utópica do Senegal de Senghor?, tradução livre], *Le Monde,* 13 de novembro, 2015.

[100] Malado Dembélé, "Meio ambiente: as boas 'sementes' dos africanos", julho, 2002.

[101] Pr. Ahmadou Aly Mbaye, "Estudo sobre a política comercial nas estratégias de desenvolvimento: o caso do Senegal", maio de 2006. Pr. Moustapha Kasse, "Enfraquecimento do ajuste estrutural: caso exemplar do Senegal". Tarik Dahou, "Liberalização e política agrícola no Senegal".

[102] FAO, Comitê dos produtos, 18 a 21 de março, 2003, "Políticas comerciais e evolução das importações de produtos agrícolas no contexto da segurança alimentar".

[103] "Os liberais de Dagana denunciam o fechamento da Socas", *leral.net,* 2 de março, 2013.

[104] Marion Douet, "No Senegal, a cólera vermelho-tomate da Socas", *Jeune Afrique,* 10 de abril, 2015.

[105] Anistia Internacional, "Exploração do trabalho: migrantes na agricultura italiana", 2012.

[106] Estatísticas INEA e Istat, citadas em "Agromáfia e caporalato", Terzo rapporto, FLAI-CGIL, 2016.

[107] Agência dos Direitos Fundamentais da União Europeia, "Severa exploração do trabalho: trabalhadores transitando na União Europeia", 2015.

[108] Fabio Ciconte e Stefano Liberti, "Sem polpa: A crise da indústria do tomate entre a exploração e a insustentabilidade", novembro, 2016.

[109] Entrevista com Magdalena Jarczak, 1º de agosto, 2016.

[110] "Chamas no 'gueto dos búlgaros'. Morre um rapaz de 20 anos", *Il Corriere della Serra,* 9 de dezembro, 2016.

[111] "Imigrantes queimados no 'Gran Ghetto' de Rignano: dois mortos", *La Republica (Bari),* 3 de março, 2017.

[112] Robert Paxton, *Le Fascisme em action* [*O fascismo em ação,* tradução livre], Paris, Le Seuil, 2004.

[113] Entrevista com Angelo Leo, 31 de julho, 2016.

[114] Domenico Losurdo, *Contre-histoire du libéralisme* [*Contra-história do liberalismo*], Paris, La Découverte, 2013.

[115] Atossa Araxia Abrahamian, *Citoyennetés à vendre. Enquête sur le marché mondial des passeports* [*Cidadanias à venda. Investigação sobre o mercado mundial dos passaportes,* tradução livre], Montréal, Lux Éditeur, 2016.

GRÁFICOS

Comércio internacional do concentrado de tomates

Milhares de toneladas, 2015

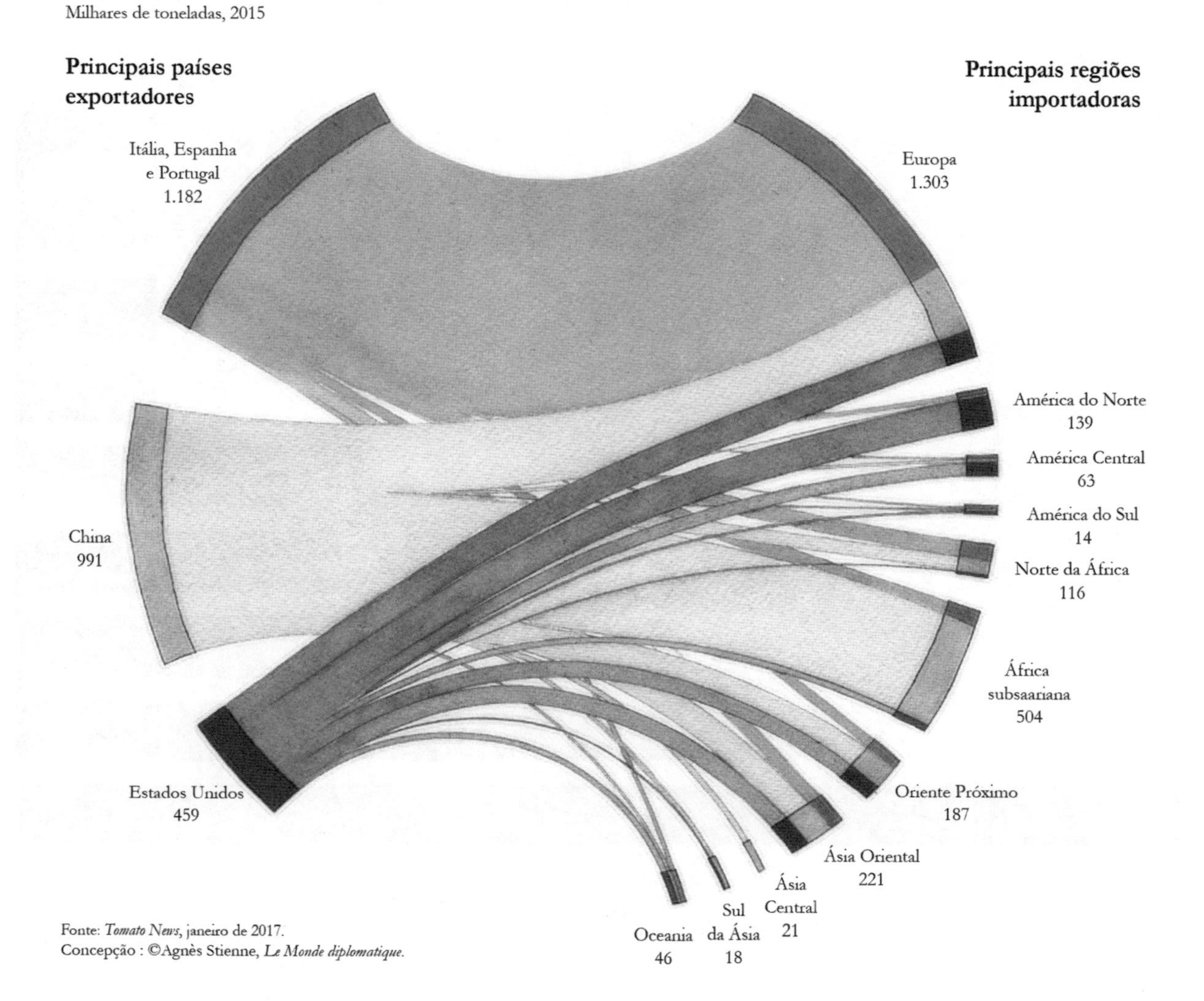

Fonte: *Tomato News*, janeiro de 2017.
Concepção : ©Agnès Stienne, *Le Monde diplomatique*.

Principais exportadores de concentrado

Milhares de toneladas e porcentagem do comércio mundial

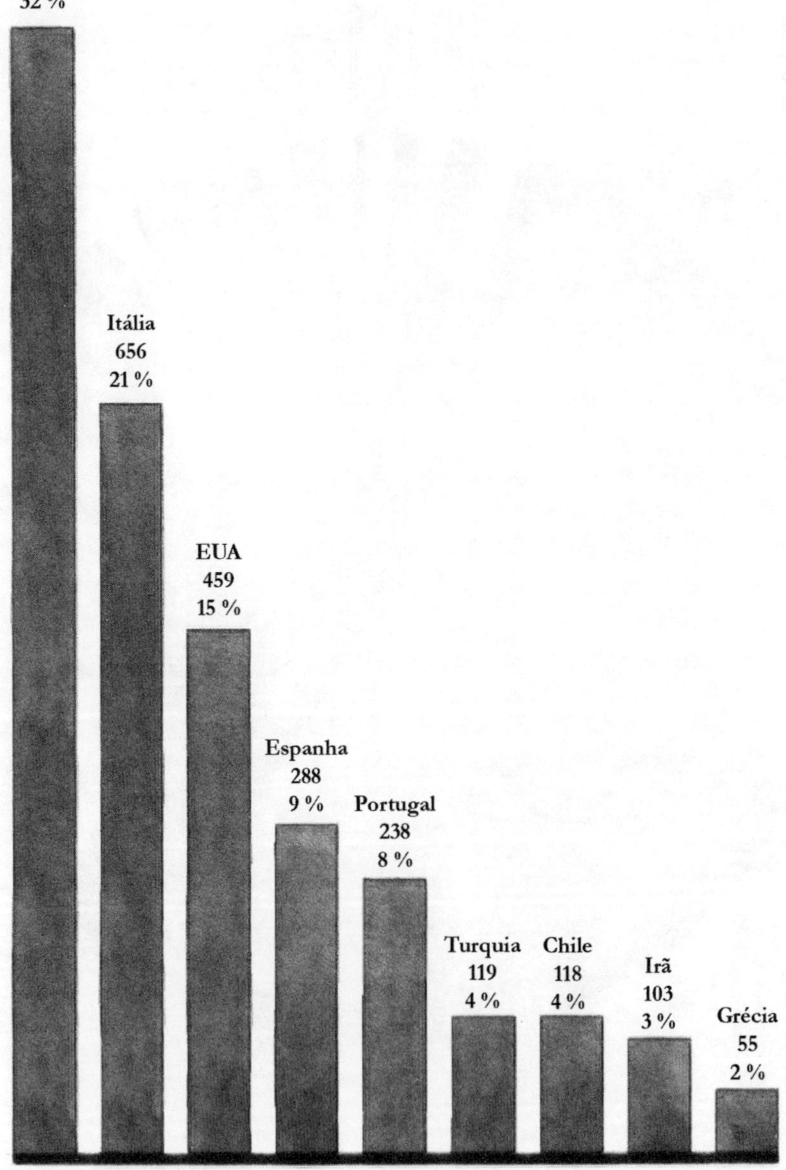

Fonte: *Tomato News*, janeiro de 2017.

Concepção: ©Agnès Stienne, *Le Monde diplomatique*.

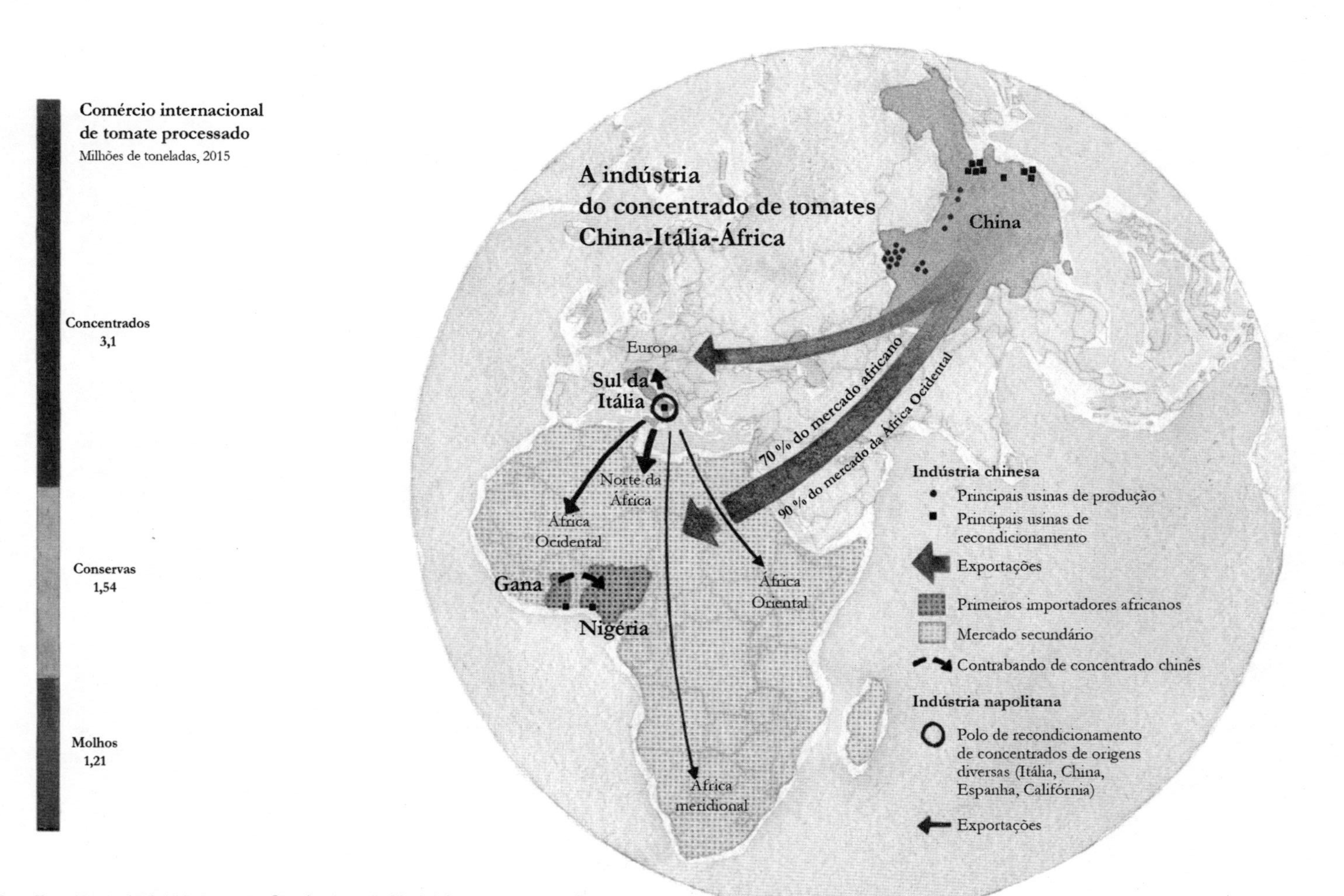

Fonte: *Tomato News*, janeiro de 2017. Concepção: ©Agnès Stienne, *Le Monde diplomatique*.

Este livro foi composto com tipografia Adobe Garamond e impresso
em papel bold 70 g/m² na Assahi.